Übungen aus der Mechanik

Von

Dr. techn. Erwin Pawelka
Wien

Zweiter Band

Mit 62 Abbildungen im Text

Wien
Springer-Verlag
1945

ISBN-13: 978-3-211-80064-5   e-ISBN-13: 978-3-7091-5680-3
DOI: 10.1007/978-3-7091-5680-3

Vorwort.

Der zweite Band der „Übungen aus der Mechanik" beabsichtigt, so wie der erste, bei den Studierenden Technischer Hochschulen das Interesse an der Mechanik zu wecken, den Blick für die in der Technik auftretenden mechanischen Probleme zu schärfen und die Fähigkeit zu ihrer Lösung auszubilden.

So erwünscht es wäre, damit der Studierende lerne, als späterer schöpferischer Ingenieur die Mechanik als ein äußerst nützliches Hilfsmittel und Werkzeug anzuwenden, lassen sich dennoch viele mechanisch-technischen Probleme in einem Übungsbuch nicht in ganz der gleichen Weise aufrollen, wie sie sich in der Praxis ergaben.

Auch für den vorliegenden Band gilt, daß ich die behandelten Aufgaben, die zum großen Teil aus meiner praktischen Tätigkeit stammen, wohl selbst gelöst habe, daß aber wohl manche von ihnen schon anderweitig in der Literatur behandelt worden sein wird.

Dankbar hebe ich hervor, daß der Springer-Verlag, Wien, trotz zahlreicher bedeutender Erschwernisse das vorliegende Buch herausbrachte.

Wien, im August 1945.

Erwin Pawelka.

Inhaltsverzeichnis.

I. Kinematik.

1. Übung.

Ein Umdrehungskörper (Abb. 1) dreht sich, eine Ebene berührend, um seine Achse $a\,a$, während sich diese um die (zur Ebene senkrechte) feste oder momentane Achse $s\,s$ schwenkt, welche die Ebene im Punkt S schneidet. Welcher Beziehung gehorchen die Gleitgeschwindigkeiten der Berührungspunkte des Drehkörpers mit der Ebene? (Wichtig für Betrachtungen über den Bogenlauf der Eisenbahnfahrzeuge!)

Infolge der Drehung um die Achse $a\,a$ *allein* haben die Berührungspunkte $P_1 \ldots P_n$ Geschwindigkeiten, die sich wie die Abstände dieser Berührungspunkte von der Achse $a\,a$ verhalten oder, wie ein Blick auf Abb. 1 lehrt, wie die Entfernungen der Berührungspunkte vom Punkte A, in welchem die Achse des Drehkörpers die Ebene schneidet. Das heißt, der Geschwindigkeitszustand der Berührungspunkte des Drehkörpers infolge der Drehung um dessen Achse ist der gleiche wie bei einer momentanen Drehung um A.

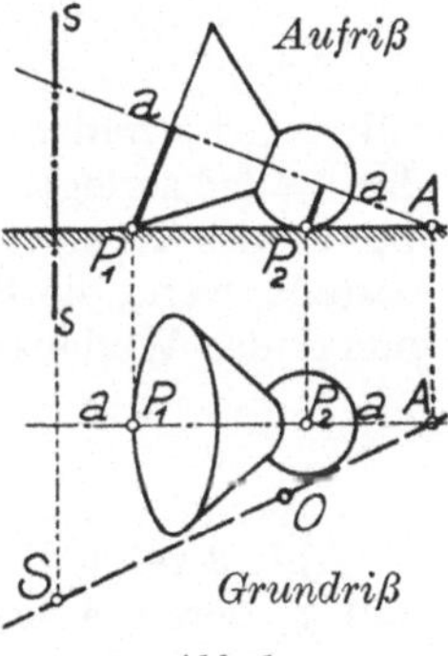

Abb. 1.

Der Geschwindigkeitszustand der Berührungspunkte des Drehkörpers infolge seiner Schwenkung um die Achse $s\,s$ *allein* ist der einer Drehung um den festen oder momentanen Pol S. Nach dem Satz der drei Pole sind somit bei der wirklichen Bewegung die Geschwindigkeiten der Berührungspunkte wie bei einer Drehung um einen Momentanpol O, der auf der Verbindungsgeraden des Schnittpunktes (A) von Drehkörperachse und Ebene mit dem Schnittpunkt (S) von Schwenkachse und Ebene liegt.

2. Übung.

Abb. 2 zeigt ein Reibradgetriebe. Man bestimme zeichnerisch aus den Winkelgeschwindigkeiten ω_1 und ω_2 der Getriebewellen I

bzw. *II* die Winkelgeschwindigkeit ω_b der gegenseitigen „Bohr-reibung" der Räder, die Bedeutung für die Radabnutzung hat.

Falls die Räder gegenseitig nicht gleiten, muß ihre relative Winkelgeschwindigkeit durch den gemeinsamen Berührungspunkt *B* der Räder gehen. Bezeichnet ω_{21} die relative Winkelgeschwindigkeit des Rades *2* gegen das Rad *1*, dann ist $\bar{\omega}_2 = \bar{\omega}_1 + \bar{\omega}_{21}$; außerdem müssen sich die drei Winkelgeschwindigkeitsvektoren in einem Punkt schneiden. Es geht also ω_{21} einerseits durch *B*, anderseits durch den Schnittpunkt *S* der beiden Wellenachsen und kann aus dem in Abb. 2 gezeichneten Parallelogramm gefunden werden, welches zugleich das Verhältnis von ω_2 zu ω_1, d. h. die Übersetzung festlegt. ω_{21} wird in zwei Komponenten, ω_b in Richtung der Berührungsnormalen und ω_r in Richtung der Berührungsebene der Räder zerlegt. ω_b ist die Winkelgeschwindigkeit des Bohrens, ω_r die des Rollens des Rades *2* gegen das Rad *1*. Kein Bohren besteht, wenn die Berührungsebene der Räder durch den Schnittpunkt der Wellenachsen geht.

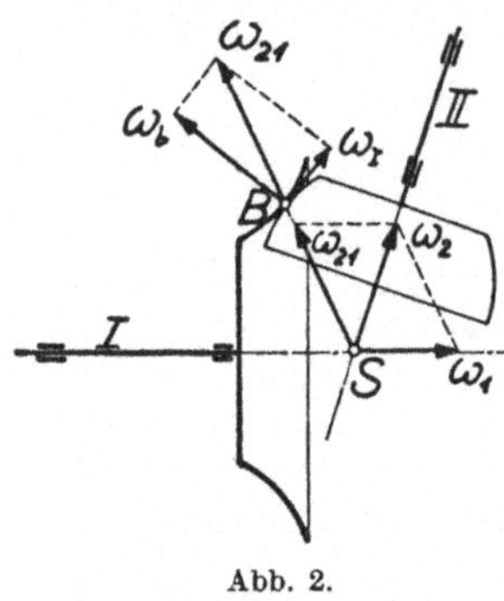

Abb. 2.

3. Übung.

Abb. 3 zeigt die Verbindung der beiden umlaufenden Wellen *1* und *2*, deren Achsen gegeneinander versetzt sind, durch ein sogenanntes Schleppkurbelgetriebe. Das periodische Schwanken des Verhältnisses der Winkelgeschwindigkeiten ω_1 und ω_2 der beiden Wellen ist durch eine kinematische Umkehrung des Getriebes zu veranschaulichen, derart, daß das Vor- und Nacheilen der Welle *2* gegen eine gedachte, gleichachsig zu *2* liegende, jedoch mit ω_1 sich drehende Welle als absolute Bewegung erscheint.

Dazu erteilt man sämtlichen Getriebeteilen zusätzlich die Winkelgeschwindigkeit $-\omega_1$ um Wellenachse *2*. Der Getriebesteg *St* dreht sich dann um letztere Achse mit $-\omega_1$. Welle und Kurbel *1* haben dann die Winkelgeschwindigkeit ω_1 um Wellenachse *1* und gleichzeitig $-\omega_1$ um Wellenachse *2*, d. h. sie machen

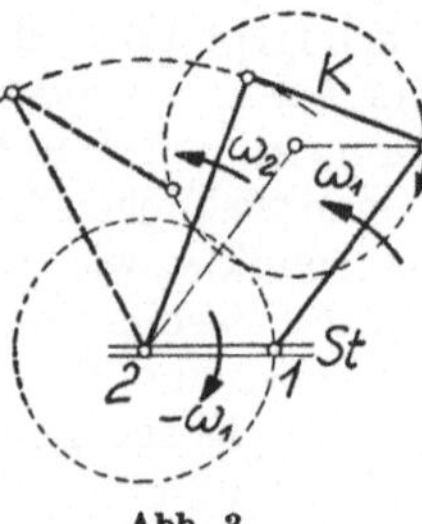

Abb. 3.

eine wegen der Konstanz der Entfernung der beiden Wellenachsen kreisförmige Schiebung. Man kann also (Abb. 3) den Bahnkreis des Kurbelzapfens von Welle *1* zeichnen und findet mit der gegebenen Länge der Koppel K die gesuchte Bewegung von Kurbel und Welle *2*. Man könnte weiter die Geschwindigkeits- und Beschleunigungsverhältnisse des Vor- und Zurückpendelns dieser Welle feststellen.

4. Übung.

Abb. 4 zeigt ein Kurbelviereck $M_1 K_1 K_2 M_2$, dessen Kurbelzapfen K_1 mit der Geschwindigkeit v_1 gleichförmig umlaufe, sowie ein Kurbelviereck $M_1 K_3 K_2 M_2$, welches aus dem ersten in der ersichtlichen Weise abgeleitet ist. Auf Grund der leicht erkennbaren Tatsachen, daß

1. O_{23} als Schnitt von $M_2 K_2$ und $M_1 K_3$ der Momentanpol der Koppel $K_2 K_3$ des abgeleiteten Kurbelviereckes ist,

2. $K_2 O_{23}$ die gedrehte Geschwindigkeit des Punktes K_2 ist, falls $K_1 M_1$ die gedrehte Geschwindigkeit des Punktes K_1 darstellt, versuche man eine Konstruktion der Beschleunigung b_2 des Punktes K_2.

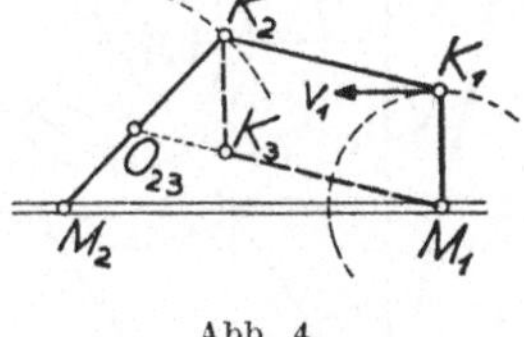

Abb. 4.

Die Strecke $K_2 O_{23}$ ist die gedrehte Geschwindigkeit des Punktes K_2. (Die Strecke $K_0 O_{23}$ ist die gedrehte Geschwindigkeit des Punktes K_3.) O_{23} bewegt sich mit der Polwechselgeschwindig-

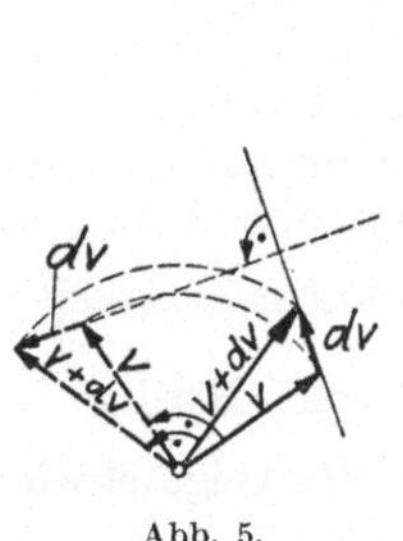

Abb. 5.

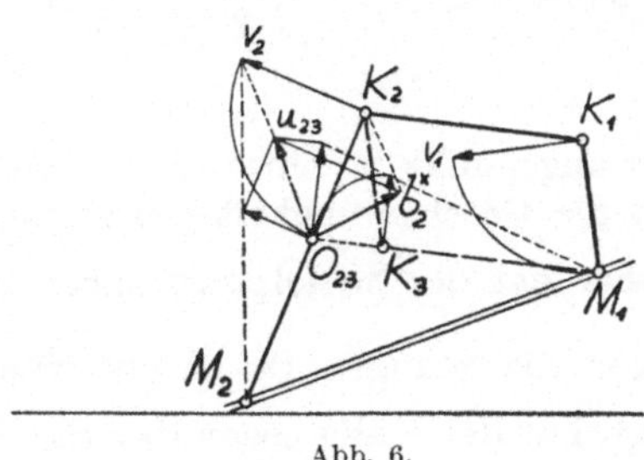

Abb. 6.

keit u_{23} für die Koppel $K_2 K_3$. Zieht man daher von u_{23} die Geschwindigkeit v_2 des Punktes K_2 geometrisch ab, dann hat man von der gedrehten Geschwindigkeit von K_2 deren Wachstumsgeschwindigkeit, welche gleich der gedrehten Beschleunigung dieses Punktes ist, wie die Abb. 5 veranschaulicht.

Abb. 6 zeigt die Durchführung der darauf gegründeten Beschleunigungskonstruktion, die verhältnismäßig geringen zeichnerischen Aufwand erfordert und deren Gang sehr einprägsam ist. Das Ergebnis ist die gedrehte Beschleunigung $b_2{}^*$ des Punktes K_2.

5. Übung.

Abb. 7 zeigt den mit Rollenlager versehenen Kopf einer Lokomotiv-Kuppelstange. Welchen Beschleunigungszustand haben die Rollenmittelpunkte? Welcher Unterschied hinsichtlich der zwischen den Rollen und dem Käfig wirkenden Kräfte besteht gegenüber einem Rollenlager mit ruhendem Außenring? (Gleichförmige Bewegung der Lokomotive.)

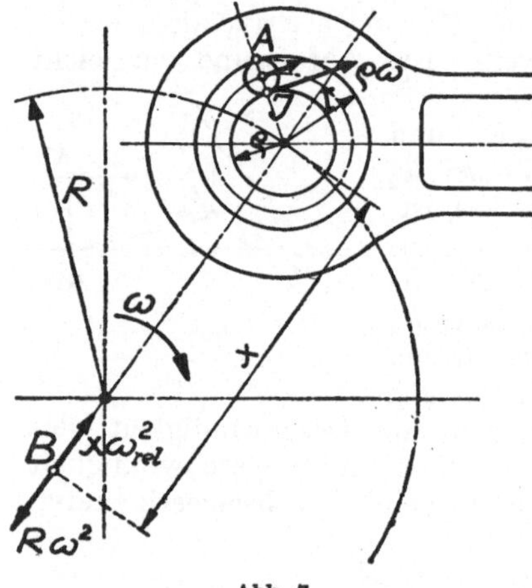

Abb. 7.

Die Rollenmittelpunkte liegen in Ruhe zum Käfig; daher ist zweckmäßig dessen Beschleunigungszustand zu ermitteln. Die Kuppelstange samt Außenring macht eine Schiebung. Das Rad (die Kurbel) dreht sich daher gegen die Kuppelstange mit der gleichen Winkelgeschwindigkeit ω, mit welcher es sich selbst dreht. Der Berührungspunkt A einer Rolle mit dem Außenring (Radius r) hat die Geschwindigkeit null gegen die Stange, der Berührungspunkt J einer Rolle mit dem Innenring (Radius ϱ) hat die Geschwindigkeit $\varrho\,\omega$ gegen die Stange, wie Abb. 7 zeigt. Daher hat der Mittelpunkt einer Rolle die Geschwindigkeit $\dfrac{\varrho\,\omega}{2}$ gegen die Stange. Da er auf einem Kreis vom Radius $\dfrac{r+\varrho}{2}$ liegt, hat der Käfig gegenüber der Stange die Winkelgeschwindigkeit $\omega_{\mathrm{rel}} = \dfrac{\dfrac{\varrho\,\omega}{2}}{\dfrac{r+\varrho}{2}} = \omega\,\dfrac{\varrho}{r+\varrho}$; die Kuppelstangenbewegung als Führungsbewegung aufgefaßt, ist die Beschleunigung eines Käfigpunktes die geometrische Summe aus Kuppelstangenbeschleunigung und Beschleunigung infolge der Käfigdrehung gegen die

Kuppelstange. Die Beschleunigung aller Punkte der Stange ist die gleiche, nämlich $R\,\omega^2$, wenn R der Kurbelradius ist, und hat die Richtung des Kurbelstrahles, und zwar vom Kurbelzapfen zum Radmittelpunkt hin. Die Beschleunigung infolge der Käfigdrehung gegen die Stange ist die Zentripetalbeschleunigung dieser Drehung, deren Winkelgeschwindigkeit sich zu $\omega_{\mathrm{rel}} =$

$$= \omega\,\frac{\varrho}{r + \varrho}$$ ergab; die Richtung ist die gegen den Kurbelzapfenmittelpunkt hin. Die beiden Teilbeschleunigungen tilgen sich daher für einen bestimmten Punkt B des Käfigsystems, der gerade auf dem Kurbelstrahl liegt. Die Entfernung x des Punktes B vom Kurbelzapfenmittelpunkt ergibt sich leicht aus dem Ansatz

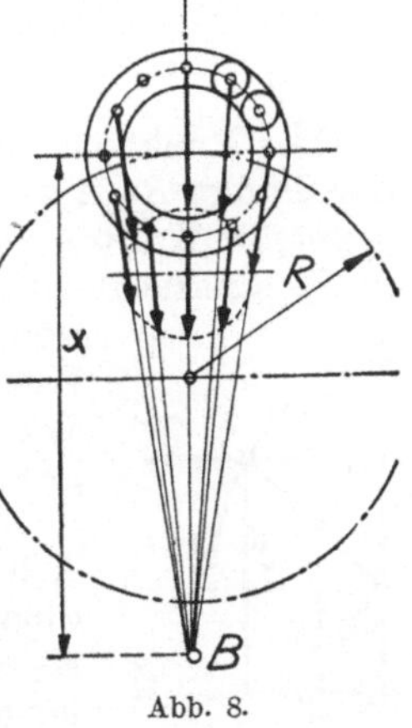

$$R\,\omega^2 - x\,\omega^2_{\mathrm{rel}} = 0 \quad\text{zu}\quad x = R\left(\frac{\omega}{\omega_{\mathrm{rel}}}\right)^2$$

oder

$$x = R\left(1 + \frac{r}{\varrho}\right)^2. \tag{1}$$

Naturgemäß ist B der Beschleunigungspol des Käfigs. Der Käfigmittelpunkt hat die Beschleunigung des Kurbelzapfens; ihre Richtung geht durch den Beschleunigungspol B, also gehen die Beschleunigungen aller Käfigpunkte durch B. Sie müssen den Entfernungen p vom Beschleunigungspol proportional sein. Aus der bekannten Beschleunigung $R\,\omega^2$ des Käfigmittelpunktes ergibt sich daher

$$\frac{R\,\omega^2}{x} = \frac{b}{p}$$

und mit Gl. (1)

$$b = \frac{\omega^2}{\left(1 + \dfrac{r}{\varrho}\right)^2}\,p. \tag{2}$$

(Angenähert gelten diese Berechnungen auch für Wälzlager in *Pleuelstangenköpfen*.)

Abb. 8 zeigt die sich aus dem Vorstehenden ergebenden Beschleunigungen der Mittelpunkte (zugleich Schwerpunkte) der Rollen. Um die Schwerpunktsbewegung der Rollen zu unterhalten, gehören Kräfte entsprechend den Schwerpunktsbeschleunigungen.

Bei den Rollen, welche gerade keine Belastung zwischen Außenring und Innenring übertragen, müssen daher gewisse Komponenten der obigen Kräfte vom Käfig aufgebracht werden, so daß gegen diesen die Rollen zum Teil unter Pressung gleiten. Bei einem Rollenlager mit ruhendem Außenring gibt es keine derartigen Komponenten, weil die Schwerpunktsbeschleunigungen der Rollen dort genau radial gerichtet sind.

II. Statik.

6. Übung.

Der Punkt S_G einer Stange (Abb. 9) wird auf der Geraden g, der Punkt S_K auf einer Kurve k reibungsfrei geführt. An *eingeprägten* Kräften wirken: in S_G in Richtung von g die Kraft G, in S_K senkrecht zu g die Kraft K, die proportional dem Abstand von g nach S_K ist. Welche Gestalt muß die Kurve k haben, damit die Stange in allen Lagen bei unveränderlicher Kraft G im Gleichgewicht ist?

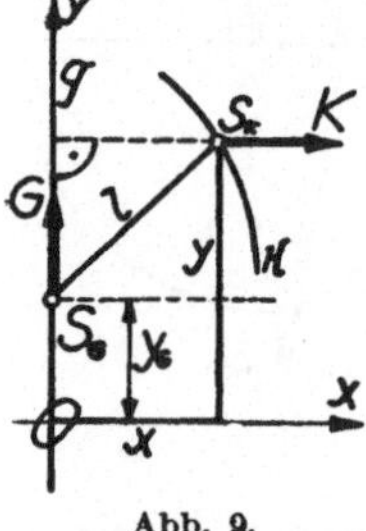

Abb. 9.

Bezogen auf das in Abb. 9 ersichtliche Achsenkreuz seien x und y die laufenden Koordinaten der gesuchten Kurve. Die Entfernung $S_G\,S_K$ heiße l, jene vom Koordinatenursprung längs g nach S_G heiße y_G. Das Prinzip der virtuellen Verschiebungen ergibt den Ansatz

$$K\,dx + G\,dy_G = 0, \tag{1}$$

wobei wegen der Starrheit der Stange $x^2 + (y - y_G)^2 = l^2$ ist, oder $y_G = y - \sqrt{l^2 - x^2}$, woraus folgt:

$$dy_G = dy + \frac{x}{\sqrt{l^2 - x^2}}\,dx. \tag{2}$$

Mit dem Proportionalitätsfaktor c ist

$$K = c\,x. \tag{3}$$

Man setzt nun Gl. (2) und Gl. (3) in Gl. (1) ein und erhält:

$$dy = -\left(\frac{c}{G} + \frac{1}{\sqrt{l^2 - x^2}}\right) x\,dx.$$

Das Integral davon lautet mit der Integrationskonstanten C

$$y = -\frac{c}{2G}\,x^2 + \sqrt{l^2 - x^2} + C.$$

Weil die Lage des Koordinatenursprungs längs g noch frei ist, kann willkürlich $C = 0$ gesetzt werden:

$$y = -\frac{c}{2\,G}\,x^2 + \sqrt{l^2 - x^2}. \tag{4}$$

Man erkennt, daß die Ordinaten der durch Gl. (4) gegebenen Kurve (Abb. 10) durch Überlagerung der Ordinaten einer Parabel $y = -\dfrac{c}{2\,G}\,x^2$ und eines Kreises hervorgehen, der den Koordinatenursprung als Mittelpunkt und l als Radius hat.

In der Abb. 10 ist sowohl der Fall $G > 0$, also auch der Fall $G < 0$ dargestellt. Die Kraft G hat dabei die Richtung der positiven bzw. negativen y-Achse. Zu jedem Punkt der Kurve k sind geometrisch zwei Lagen des Punktes S_G und damit der Stange möglich. Bei welcher davon bei der vorausgesetzten Richtung von G auch Gleichgewicht möglich ist, kann folgendermaßen ermittelt werden: Man verfolgt für eine der beiden geometrisch möglichen Stangenlagen den Richtungssinn der Momente von G und K um den Schnittpunkt N der Normalen zu g im Punkte S_G mit der Normalen zu k im Punkte S_K. Um N ergeben nämlich die von den Führungen ausgeübten Kräfte keine Momente. Gleichgewicht ist daher nur für jene der beiden in Frage kommenden Lagen der Stange möglich, für welche K und G in entgegengesetztem Sinn um N drehen.

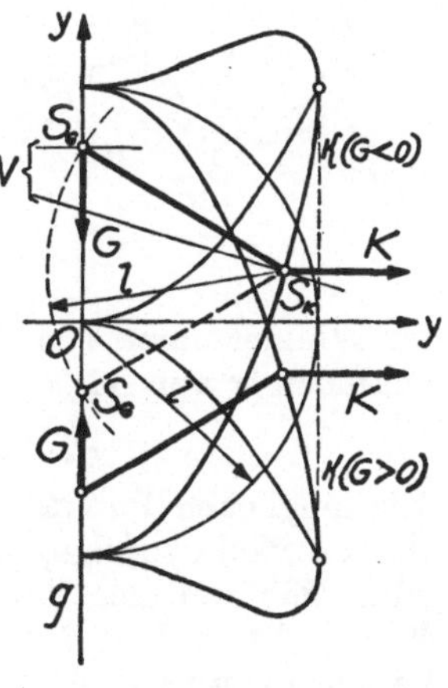

Abb. 10.

7. Übung.

Am Umfang eines Kreises liegen, gleichförmig verteilt, eine Anzahl von Gelenkpunkten, die eine gleiche Anzahl von Scheiben zu einer geschlossenen Kette verbinden (Abb. 11). Auf jede Scheibe wirkt die radial gerichtete Kraft P. Diese untereinander gleichen Kräfte schließen untereinander gleiche Winkel ein. Das Scheibensystem ist im Gleichgewicht. Es sind Größe und Lage der Gelenkdrücke zeichnerisch zu bestimmen.

Die Kraft P auf eine jede Scheibe und die Drücke in ihren beiden Gelenken müssen sich in einem Punkt schneiden, der in Abb. 12 mit C bezeichnet ist. Der Symmetrie wegen müssen alle Gelenkdrücke G untereinander gleich sein und der Winkel α zwischen der Wirkungslinie des Gelenkdruckes und dem zugehörigen Radius der Gelenke muß für sämtliche der gleiche sein. Aus

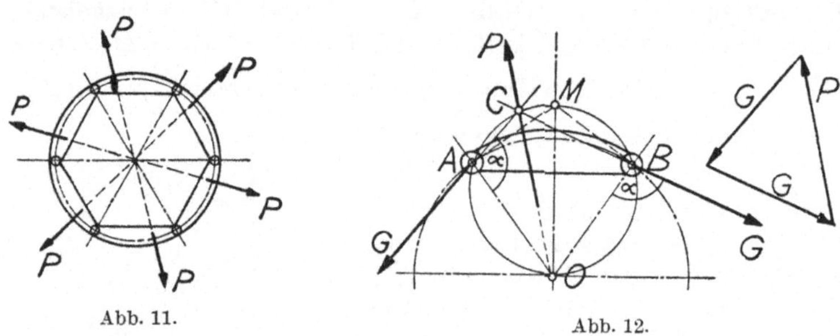

Abb. 11. Abb. 12.

der Winkelsumme von $360°$ des Viereckes $OACB$ folgt, und zwar unabhängig von α,

$$\sphericalangle\, ACB = 180° - \sphericalangle\, AOB.$$

Alle möglichen Punkte C müssen daher, dem Satz von den Peripheriewinkeln zufolge, auf einem Kreis liegen, der durch A und B geht. Ein weiterer Punkt dieses Kreises ist M als Schnitt von $MA \perp OA$ und $MB \perp OB$. Es entspricht M nämlich $\alpha = 90°$. Man sieht weiter, daß der Kreis der Punkte C auch durch O gehen muß (Satz vom Winkel im Halbkreis); er kann also sehr einfach gezeichnet werden. Durch den Schnittpunkt von P mit dem Kreis der Punkte C gehen die Richtungen der zur betrachteten Scheibe gehörenden Gelenkdrücke. Das Kraftdreieck aus diesen beiden und der Kraft P kann daher gezeichnet werden. Es ist gleichschenklig, so daß tatsächlich beide Gelenkdrücke einander gleich sind. Man sieht ferner, daß ihre Größe von der Lage der Kraft P unabhängig ist.

8. Übung.

Durch Ziehen an einem in der Weise der Abb. 13 herumgeschlungenen Seil soll eine schwere Trommel der dargestellten Form auf einer geneigten Ebene gehalten werden. Man bestimme zeichnerisch die Richtungen, welche das Seil haben darf.

Auf die Trommel wirken (Abb. 14) die Schwere G, der Seilzug S und die zur Resultierenden W zusammengefaßten beiden

Widerstandskräfte, welche die Ebene auf die Trommel ausübt. W kann nur in dem Winkelbereich zwischen W' und W'' liegen, der dem Reibungswinkel der Ruhe, ϱ, entspricht. Bei Gleichgewicht der Trommel müssen sich G, S und W in einem Punkt schneiden. Dieser kann nur auf der Strecke zwischen den Punkten O' und O'' liegen, in welchem die Linie der Schwere W' bzw. W'' schneidet. Da das Seil den Trommelkern tangiert, ergeben sich die eingezeichneten Grenzlagen des Seiles. Der so gefundene Bereich kann eine Einschränkung dadurch erfahren, daß im Seil negativer Zug unmöglich ist. Diesen Fall zeigt Abb. 15. Die

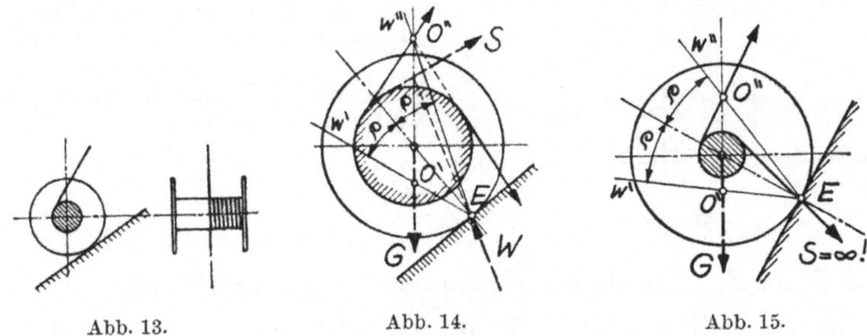

<table>
<tr><td>Abb. 13.</td><td>Abb. 14.</td><td>Abb. 15.</td></tr>
</table>

Betrachtung der Momente um Punkt E gibt immer leicht Aufschluß über den für Gleichgewicht nötigen Richtungssinn der Seilkraft und deren Größe. (Wäre das Seil anders herumgeschlungen, dann müßte auch bedacht werden, daß W nur die Richtung von außen ins Innere der Trommel haben kann.)

9. Übung.

Ein Körper, auf den die Kraft K wirkt, stütze sich, wie Abb. 16 zeigt, auf mehreren Federn von im allgemeinen untereinander verschiedenen Steifigkeiten C ab. Wirkt K nicht, dann sollen alle Federn den Körper kraftlos berühren. Um welche Achse aa und um welchen Winkel φ dreht sich die Stützebene des Körpers bis Gleichgewicht unter der Belastung K eintritt? Wie groß sind die einzelnen Stützendrücke W? (Von Bedeutung bei Fahrzeugen, die auf Federn ruhen.)

In der ursprünglichen Stützebene wird das Achsenkreuz $x\,y$ gelegt (Abb. 16). Darauf bezogen, seien die laufenden Koordinaten der Drehachse x_a und y_a. Die Lage von K sei durch die Koordinaten x_K und y_K gegeben. Die Drehung φ sei in die Drehungs-

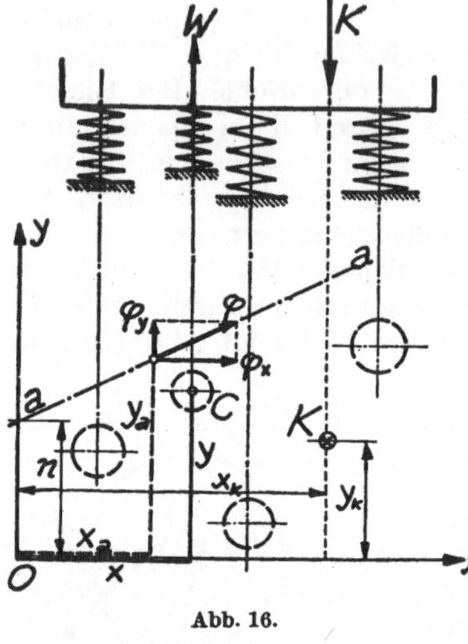

Abb. 16.

komponenten φ_x und φ_y zerlegt. Ein Punkt der Stützebene mit den Koordinaten x, y senkt sich dann um

$$f = \varphi_x(y - y_a) - \varphi_y(x - x_a), \quad (1)$$

so daß der Druck einer dort befindlichen Feder wird:

$$W = Cf = C\,[\varphi_x(y - y_a) -$$
$$- \varphi_y(x - x_a)]. \quad (2)$$

Das Gleichgewicht des Körpers erfordert, daß die Komponentengleichung $K = \sum W$ sowie die Momentengleichung

$$K\,y_K = \sum W\,y$$

und

$$- K\,x_K = - \sum W\,x$$

erfüllt sind. Aus diesen Gleichungen wird mit Gl. (2)

$$\left.\begin{aligned}
K &= \varphi_x\left(\sum C\,y - y_a \sum C\right) - \varphi_y\left(\sum C\,x - x_a \sum C\right), \\
K\,y_K &= \varphi_x\left(\sum C\,y^2 - y_a \sum C\,y\right) - \varphi_y\left(\sum C\,x\,y - x_a \sum C\,y\right), \\
K\,x_K &= \varphi_x\left(\sum C\,x\,y - y_a \sum C\,x\right) - \varphi_y\left(\sum C\,x^2 - x_a \sum C\,x\right).
\end{aligned}\right\} \quad (3)$$

Die Form der darin vorkommenden Summenausdrücke $\sum C\,x$, $\sum C\,y$, $\sum C\,x^2$, $\sum C\,y^2$, $\sum C\,x\,y$, legt es nahe, die Steifigkeiten mit in der Stützebene liegenden Massen zu vergleichen. Dann sind $\sum C\,x$ und $\sum C\,y$ die statischen Momente der Steifigkeiten, $\sum C\,x^2 = J_y$ und $\sum C\,y^2 = J_x$ die Trägheitsmomente der Steifigkeiten, $\sum C\,x\,y = J_{xy}$ ihr Deviationsmoment, alle bezogen auf das gewählte Achsenkreuz bzw. auf dessen Achsen. Ebenso gibt es einen Schwerpunkt der Steifigkeiten, Trägheitshauptachsen und Trägheitsradien. Man erkennt, daß es zweckmäßig ist, *das Achsenkreuz mit den durch den Schwerpunkt der Steifigkeiten gehenden Trägheitshauptachsen des Steifigkeitssystems zusammenfallen* lassen, was im folgenden vorausgesetzt ist, denn es wird dann $\sum C\,x = 0$, $\sum C\,y = 0$, $\sum C\,x\,y = 0$ und die Gl. (3) nehmen die folgenden einfachen Formen an:

$$\frac{K}{\sum C} = - \varphi_x\,y_a + \varphi_y\,x_a. \quad (4)$$

$$K\,y_K = \varphi_x\,J_x. \quad (5)$$

$$K\,x_K = -\varphi_y\,J_y. \tag{6}$$

Aus Gl. (5) und Gl. (6) erhält man die gesuchten Drehungskomponenten

$$\varphi_x = \frac{K\,y_K}{J_x}. \tag{7}$$

$$\varphi_y = -\frac{K\,x_K}{J_y}. \tag{8}$$

In Gl. (4) eingesetzt, erhält man die Gleichung der Drehachse:

$$1 = \frac{x_a}{-\dfrac{J_y}{x_K\,\Sigma C}} + \frac{y_a}{-\dfrac{J_x}{y_K\,\Sigma C}}. \tag{9}$$

Man erkennt, daß ihre Abschnitte auf den Achsen x und y betragen:

$$m = -\frac{J_y}{x_K\,\Sigma C}, \qquad n = -\frac{J_x}{y_K\,\Sigma C}.$$

$\dfrac{J_x}{\Sigma C} = \varrho_x{}^2$ und $\dfrac{J_y}{\Sigma C} = \varrho_y{}^2$ definieren die Trägheitsradien ϱ_x und ϱ_y des Steifigkeitssystems um die Achsen x bzw. y. Ihre Einführung ergibt

$$m = -\frac{\varrho_y{}^2}{x_K} \tag{10}$$

$$n = -\frac{\varrho_x{}^2}{y_K} \tag{11}$$

zur Bestimmung der Lage der Drehachse. Wenn man Gl. (7) und Gl. (8) in Gl. (1) einsetzt und die Beziehung Gl. (9) berücksichtigt, wird

$$f = \frac{K}{\Sigma C}\left(1 + \frac{x\,x_K}{\varrho_y{}^2} + \frac{y\,y_K}{\varrho_x{}^2}\right). \tag{12}$$

Somit ist der Stützendruck einer Stütze mit der Steifigkeit C

$$W = K\,\frac{C}{\Sigma C}\left(1 + \frac{x\,x_K}{\varrho_y{}^2} + \frac{y\,y_K}{\varrho_x{}^2}\right). \tag{13}$$

Interessant ist, daß die Senkung des Körpers am Orte des Schwerpunktes der Steifigkeiten einfach stets

$$\boxed{f_0 = \frac{K}{\Sigma C}} \tag{14}$$

wird, was aus Gl. (12) mit $x = y = 0$ folgt. Der Körper dreht sich nicht, wenn K durch den Schwerpunkt der Steifigkeiten geht, denn aus Gl. (7) und Gl. (8) folgt mit $x_K = y_K = 0$ auch $\varphi_x = \varphi_y = 0$. Erfolgt die Belastung durch ein Kräftepaar, dann geht die Drehachse durch den Steifigkeitsschwerpunkt, denn der Körper senkt sich daselbst nach Gl. (14) wegen $K = 0$ nicht.

Im Grenzfall des Kräftepaares sind $K\,y_K$ und $-K\,x_K$ dessen Komponenten M_x und M_y und die Gl. (7), (8), (12) und Gl. (13) verwandeln sich dadurch in

$$\boxed{\varphi_x = \frac{M_x}{J_x}.} \tag{7a}$$

$$\boxed{\varphi_y = \frac{M_y}{J_y}.} \tag{8a}$$

$$\boxed{f = \frac{1}{\Sigma C}\left(\frac{M_x}{\varrho_x^2}\,y - \frac{M_y}{\varrho_y^2}\,x\right).} \tag{12a}$$

$$\boxed{W = \frac{C}{\Sigma C}\left(\frac{M_x}{\varrho_x^2}\,y - \frac{M_y}{\varrho_y^2}\,x\right)} \tag{13a}$$

10. Übung.

Unter den Federn, welche den in der 9. Übung betrachteten Körper stützen, seien welche, die, wenn die Kraft K nicht wirkt, nicht an die Stützebene heranreichen, sondern von ihr um h abstehen (Abb. 17). (h soll auch als Index zur Kennzeichnung dieser Federn dienen.) Wie verändern sich dadurch die Ergebnisse der 9. Übung?

Der Druck einer Feder der hier neu auftretenden Art ist

$$W_h = C_h\,(f_h - h)$$

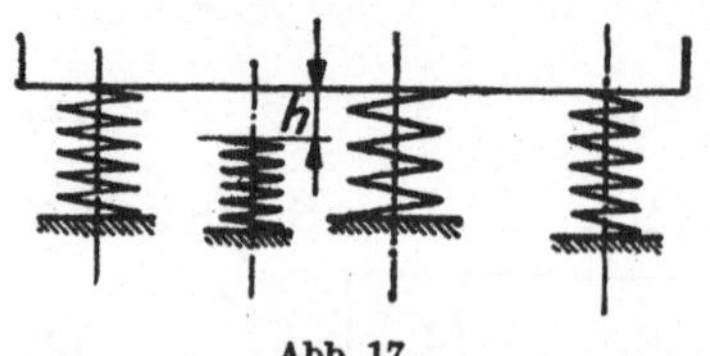

Abb. 17.

oder mit Anwendung der Gl. (1) der 9. Übung

$$W_h = C_h\,[\varphi_x\,(y_h - y_a) - \varphi_y\,(x_h - x_a)] - C_h\,h.$$

Schreibt man die Gleichgewichtsbedingungen wie in der 9. Übung, aber mit Einbeziehung der Drücke W_h an, dann erhält man analog Gl. (3) der früheren Übung

$$K + \sum C_h\, h = \varphi_x \left(\sum C\, y + \sum C_h\, y_h - y_a \left[\sum C + \sum C_h \right] \right) -$$
$$- \varphi_y \left(\sum C\, x + \sum C_h\, x_h - \right.$$
$$\left. - x_a \left[\sum C + \sum C_h \right] \right),$$

$$K\, y_K + \sum C_h\, h\, y_h = \varphi_x \left(\sum C\, y^2 + \sum C_h\, y_h^2 - y_a \left[\sum C\, y + \right. \right.$$
$$\left. + \sum C_h\, y_h \right] \bigg) - \varphi_y \left(\sum C\, x\, y + \sum C_h\, x_h\, y_h - \right.$$
$$\left. - x_a \left[\sum C\, y + \sum C_h\, y_h \right] \right),$$

$$K\, x_K + \sum C_h\, h\, x_h = \varphi_x \left(\sum C\, x\, y + \sum C_h\, x_h\, y_h - \right.$$
$$\left. - y_a \left[\sum C\, x + \sum C_h\, x_h \right] \right) - \varphi_y \left(\sum C\, x^2 + \sum C_h\, x_h^2 - \right.$$
$$\left. - x_a \left[\sum C\, x + \sum C_h\, x_h \right] \right).$$

Die rechten Seiten dieser Gleichungen zeigen, daß darin die Stützen der einen und der anderen Art völlig gleiche Rollen spielen. Hält man den unbelasteten Körper fest, zieht eine von ihm um h abstehende Feder an ihn heran und befestigt sie an ihm, dann wirkt die Feder mit der Kraft $C_h\, h$ auf den Körper. Die Kraft K kann man mit dem System der Zusatzkräfte $C_h\, h$ zu einer Resultierenden $\overline{K}$ zusammengesetzt denken; ihre Größe ist $\overline{K} = K + \sum C_h\, h$. Da außerdem das Moment der Resultierenden stets die Summe der Momente der Komponenten ist, können an Stelle der linken Seiten der obigen drei Gleichungen die Ausdrücke $\overline{K}$, $\overline{K}\, \bar{y}_K$, $\overline{K}\, \bar{x}_K$ treten, wobei $\bar{y}_K$ und $\bar{x}_K$ die Lage von $\overline{K}$ angeben. Damit ist die formale Übereinstimmung mit den Gl. (3) der 9. Übung hergestellt. Man kann daher genau so verfahren wie dort, wenn statt K mit der Resultierenden $\overline{K}$ aus K und den Zusatzkräften $C_h\, h$ gerechnet wird.

11. Übung.

Ein Körper (Abb. 18) auf der mit der Geschwindigkeit u bewegten waagrechten Ebene E wird durch die feststehende Führung F, die mit u den Winkel α einschließt, längs dieser abgedrängt. Die Reibung zwischen Körper und Führung entspricht einem Reibungswinkel ϱ. Mit welcher Geschwindigkeit v bewegt sich im Beharrungszustand der Körper längs der Führung?

Parallel zu E wirken auf den Körper zwei Kräfte: Von der Führung her eine gegen die dazu Normale um den Winkel ϱ geneigte Kraft K und die Reibungskraft R, welche die Ebene E auf den Körper ausübt. Im Gleichgewichtsfall sind K und R gleich groß und entgegengesetzt gerichtet. R muß als Reibung die entgegengesetzte Richtung der Relativgeschwindigkeit w des Körpers gegen E haben, d. h. es fällt w in die Richtung von K. Es ist $\bar{u} + \bar{w} = \bar{v}$. Dem entspricht das in Abb. 18 gezeichnete Geschwindigkeitsdreieck. Der Sinussatz ergibt

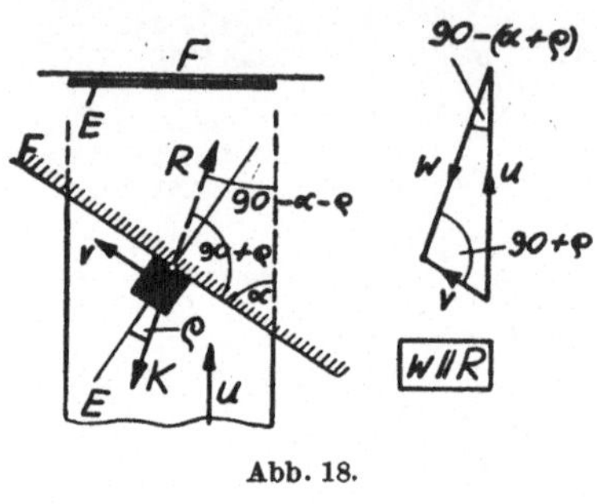

Abb. 18.

$$\frac{u}{\sin(90° + \varrho)} = \frac{v}{\sin[90° - (\alpha + \varrho)]},$$

woraus

$$v = u(\cos\alpha - \sin\alpha \, \mathrm{tg}\, \varrho). \tag{1}$$

Führt man die Reibungszahl $\mu = \mathrm{tg}\, \varrho$ zwischen Körper und Führung ein, wird

$$v = u(\cos\alpha - \mu\sin\alpha). \tag{2}$$

Daraus ergeben sich die Folgerungen:

1. v ist unabhängig von der Größe der Reibung zwischen Körper und Ebene!

2. Im Beharrungszustand besteht keine Bewegung längs der Führung ($v = 0$), wenn $\mathrm{tg}\,\alpha = \dfrac{1}{\mu}$, d. h. $\alpha = 90° - \varrho$. Für den Bereich von α zwischen $90° - \varrho$ und $90°$ gelten die Gl. (1) und Gl. (2) nicht. (Sie ergeben nämlich dafür einen negativen Wert von v, d. h. eine gegenüber Abb. 18 entgegengesetzte Richtung von v. Dem entsprechen eine Lage von K, die gegenüber Abb. 18 gerade symmetrisch bezüglich der Führungsnormalen ist und damit andere geometrische Beziehungen als die, welche zur Gl. (1) und Gl. (2) führten.)

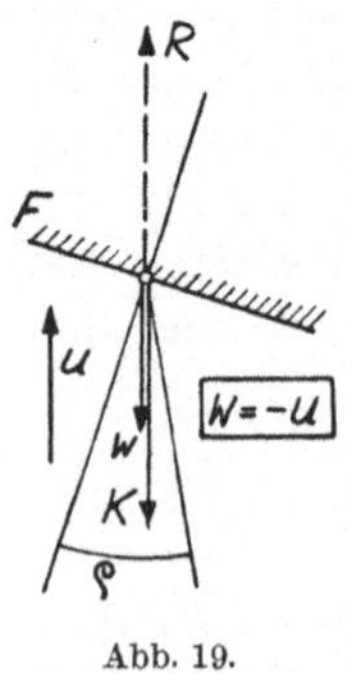

Abb. 19.

Die Abb. 19 macht klar, daß es für den genannten Bereich von α keine Bewegung längs der Führung mit Beharrungszustand gibt; an F herrscht Reibung der Ruhe.

12. Übung.

Ein linsenförmiger, von zwei Kugelflächen begrenzter Umdrehungskörper wird (Abb. 20) durch die Kraft P in eine gerade Keilrille gedrückt. Der Körper wird um einen Winkel um die Wirkungslinie von P gedreht. Welchen größten Wert φ darf der Winkel erreichen, wenn der Körper, sich wieder selbst überlassen, in seiner Lage bleiben soll?

Im Gleichgewichtsfall müssen sich die Auflagewiderstände W_1 und W_2 in den Berührungspunkten I und II des Umdrehungs-

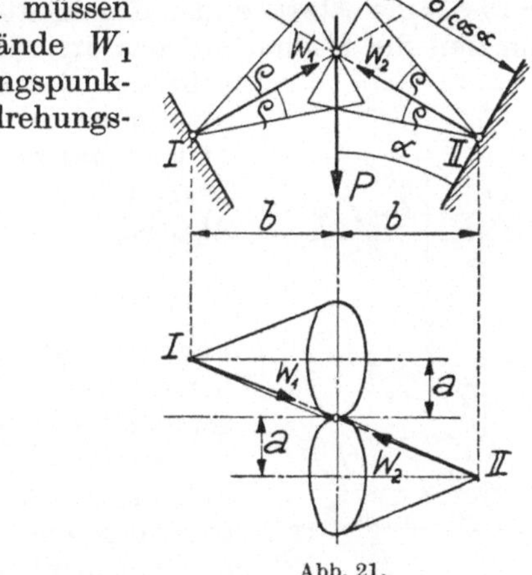

Abb. 20.   Abb. 21.

körpers mit der Keilrille auf der Wirkungslinie von P schneiden. An der Gleitgrenze liegen W_1 und W_2 auf dem Mantel je eines Kegels, dessen Achse die Berührungsnormale in I bzw. II ist und dessen halber Öffnungswinkel die Größe des Reibungswinkels ϱ der sich berührenden Materialien hat. Berühren sich (Abb. 21) die beiden Reibungskegel gerade, und zwar auf der Wirkungslinie von P, dann ist offenbar die größtmögliche Verdrehung φ des Körpers, aus welcher er gerade nicht mehr zurückkehrt, erreicht. Für diesen Zustand ergibt die Betrachtung der Abb. 21 einen Zusammenhang der längs bzw. quer zur Keilrille gemessenen halben Entfernungen a bzw. b der Berührungspunkte I und II:

$$\operatorname{tg} \varrho = \frac{a}{b/\cos \alpha}$$

oder

$$\frac{a}{b} = \frac{\operatorname{tg} \varrho}{\cos \alpha}; \tag{1}$$

darin ist α der halbe Öffnungswinkel der Keilrille. Um die Frage nach φ zu beantworten, muß noch der rein geometrische Zusammenhang zwischen φ einerseits und a sowie b anderseits ermittelt werden. Aus Abb. 22 erkennt man, daß bei einer Drehung des Körpers um den Winkel φ ohne gleichzeitige Hebung, wobei sich die Keilnut-Seitenwände in passendem Maß parallel verschieben müssen, eine Verrückung der Punkte I und II in Richtung der Keilnut eintritt, um

$$\bar{a} = \frac{s}{2}\sin\varphi. \tag{2}$$

Darin ist s der Abstand der Kugelmittelpunkte des Drehkörpers. Wenn nun die Keilnut auf das ursprüngliche Maß verengt wird, hebt sich der Drehkörper und die Querentfernung der Berührungspunkte I und II geht auf das bei gerader Stellung des Drehkörpers vorhandene Maß zurück. Also ist

$$b = \frac{p}{2}, \tag{3}$$

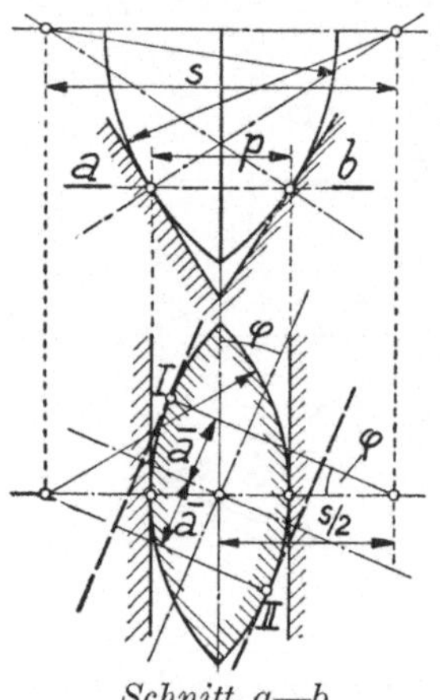

Schnitt a—b

Abb. 22.

wenn p den Abstand der Berührungspunkte des Körpers mit der Keilnut bei gerader Stellung bedeutet.

Bei der Verengung der Keilnut ändert sich die Längsentfernung der Berührungspunkte I und II nicht und daher ist $\bar{a}$ mit a identisch und wegen Gl. (2)

$$a = \frac{s}{2}\sin\varphi. \tag{4}$$

Durch Einsetzen von Gl. (3) und Gl. (4) in Gl. (1) erhält man das gewünschte Ergebnis

$$\sin\varphi = \frac{p}{s}\,\frac{\operatorname{tg}\varrho}{\cos\alpha}$$

oder, wenn für $\operatorname{tg}\varrho$ die Reibungszahl μ gesetzt wird,

$$\boxed{\sin\varphi = \mu\,\frac{p}{s\cos\alpha}.}$$

III. Kinetik.

13. Übung.

Ein Körper (Gewicht G) schwimmt in einer Flüssigkeit (spez. Gewicht γ). Ist die Eintauchtiefe des Körpers eine andere, wenn die Flüssigkeit statt zu ruhen nach aufwärts oder abwärts mit der gleichförmigen Beschleunigung b in Bewegung ist?

Wenn auch Körper und beschleunigte Flüssigkeit gegeneinander ruhen, ist dabei doch kein Gleichgewichtsfall vorhanden. Es darf aber so getan werden, wenn auf jedes Massenteilchen dm des Systems zusätzlich eine Kraft $dP = -b\,dm$ wirkend gedacht wird. Das bedeutet, wenn b aufwärts gerichtet ist, eine scheinbare Erhöhung des Gewichtes des schwimmenden Körpers um $\dfrac{G}{g}\,b$, also auf $\overline{G} = G\left(1 + \dfrac{b}{g}\right)$ und gleichzeitig eine scheinbare Erhöhung des spez. Gewichtes der Flüssigkeit um $\dfrac{\gamma}{g}\,b$, also auf $\overline{\gamma} = \gamma\left(1 + \dfrac{b}{g}\right)$.

Ist die Verdrängung des Körpers in der ruhenden Flüssigkeit V, in der beschleunigten $\overline{V}$, dann ist

$$G = V\gamma \quad \text{und} \quad \overline{G} = \overline{V}\,\overline{\gamma},$$

woraus durch Division

$$\frac{\overline{V}}{V} = \frac{\overline{G}}{G} \cdot \frac{\gamma}{\overline{\gamma}}$$

folgt. Setzt man die ermittelten Werte für $\overline{G}$ und $\overline{\gamma}$ ein, so ergibt sich $\dfrac{\overline{V}}{V} = 1$, d. h. die Tauchtiefe ist in der beschleunigten Flüssigkeit die gleiche wie in der ruhenden.

14. Übung.

Eine Punktmasse m, die in einer Ebene reibungslos und frei beweglich ist, befindet sich in einem Kraftfelde, für welches ein Potential U besteht. Man leite die Differentialgleichung der Bahn des Massenpunktes ab, indem man aus der Gleichung für seine Wucht L und aus der Gleichung für seine Normalbeschleunigung b, die Geschwindigkeit v eliminiert.

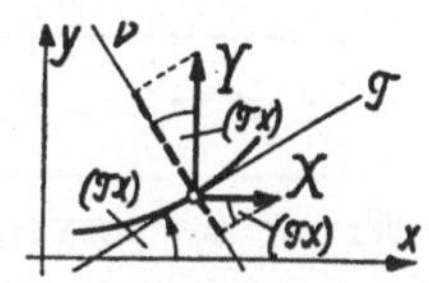

Abb. 23.

Die Bewegungsebene wird zur x-y-Koordinatenebene gewählt (Abb. 23). Unter den getroffenen Annahmen ist bei der Bewegung die Energie $E = U + L$ konstant; $L = \dfrac{1}{2}\,m\,v^2$, daher

$$E = U + \frac{1}{2}\,m\,v^2. \tag{1}$$

Die Komponenten der Kraft P auf die Punktmasse in Richtung der Koordinatenachsen sind

$$X = -\frac{\partial U}{\partial x}, \left.\vphantom{\frac{\partial U}{\partial y}}\right\}$$
$$Y = -\frac{\partial U}{\partial y}. \tag{2}$$

Die Projektion P_ν der Kraft P auf die Richtung der Bahnnormalen ν ist, wie Abb. 23 zeigt, wobei τ die Bahntangente bezeichnet:

$$P_\nu = Y \cos(\tau x) - X \sin(\tau x).$$

Da $\operatorname{tg}(\tau x) = y'$ und daher

$$\cos(\tau x) = \frac{1}{(1 + y'^2)^{\frac{1}{2}}}, \quad \sin(\tau x) = \frac{y'}{(1 + y'^2)^{\frac{1}{2}}}$$

ergibt sich

$$P_\nu = \frac{Y - X y'}{(1 + y'^2)^{\frac{1}{2}}}$$

und mit Gl. (2)

$$P_\nu = \left(\frac{\partial U}{\partial x} y' - \frac{\partial U}{\partial y}\right)(1 + y'^2)^{-\frac{1}{2}}. \tag{3}$$

Nach dem dynamischen Grundgesetz ist $P_\nu = m\, b_\nu$ und da $b_\nu = \dfrac{v^2}{\varrho}$, wobei $\varrho = \dfrac{(1 + y'^2)^{\frac{3}{2}}}{y''}$ den Krümmungsradius der Bahn bedeutet, wird $P_\nu (1 + y'^2)^{3/2} = m\, v^2 y''$.

Daraus bekommt man mit Gl. (3):

$$\left(\frac{\partial U}{\partial x} y' - \frac{\partial U}{\partial y}\right)\frac{1 + y'^2}{y''} = m\, v^2. \tag{4}$$

Die gesuchte Differentialgleichung ergibt sich durch Eliminieren von $m\, v^2$ aus den Gl. (1) und Gl. (4):

$$\boxed{\,2\, y''\, (U - E) + y'^3 \frac{\partial U}{\partial x} - y'^2 \frac{\partial U}{\partial y} + y' \frac{\partial U}{\partial x} - \frac{\partial U}{\partial y} = 0.\,}$$

Wie schon hervorgehoben, ist E eine Konstante.

15. Übung.

Der Wuchtverlust ΔL beim Stoß zweier Massen, M und m, ist durch die Aufprallgeschwindigkeit w und die Rückprallgeschwindigkeit $\overline{w}$ auszudrücken.

Die Wucht eines Systems setzt sich zusammen aus der Wucht seiner Schwerpunktsbewegung und der Wucht der Relativbewegung gegenüber dem Schwerpunkt. Da die Schwerpunktsbewegung durch den Stoßvorgang nicht beeinflußt wird, ist der Wuchtunterschied vor und nach dem Stoß gleich dem Wuchtunterschied der Relativbewegungen gegenüber dem Schwerpunkt vor und nach dem Stoß.

Es sei V und v die Geschwindigkeit von M bzw. m vor dem Stoß, $\overline{V}$ und $\overline{v}$ die Geschwindigkeit von M bzw. m nach dem Stoß, v_s die Geschwindigkeit des Schwerpunktes.

Nach dem Gesagten ist also

$$\Delta L = \frac{1}{2}\,[M\,(V - v_s)^2 + m\,(v - v_s)^2 - M\,(\overline{V} - v_s)^2 - m\,(\overline{v} - v_s)^2].$$

Hierin wird der Wert

$$v_s = \frac{M\,V + m\,v}{M + m} = \frac{M\,\overline{V} + m\,\overline{v}}{M + m}$$

eingesetzt, so zwar, daß eine Klammer jeweils nur gestrichene oder nur ungestrichene Geschwindigkeiten enthält.

Man erhält

$$\Delta L = \frac{1}{2}\,\frac{1}{\frac{1}{M} + \frac{1}{m}}\,\{(V - v)^2 - (\overline{V} - \overline{v})^2\};$$

weil $V - v = w$, $\overline{V} - \overline{v} = \overline{w}$, wird

$$\boxed{\;\Delta L = \frac{1}{2}\,\frac{1}{\frac{1}{M} + \frac{1}{m}}\,(w^2 - \overline{w}^2).\;}$$

Der Wuchtverlust entspricht somit dem Unterschied der Quadrate von Aufprall- und Rückprallgeschwindigkeit und der sogenannten harmonischen Summe der stoßenden Massen.

16. Übung.

Zwei Wellen 1 und 2 sind durch ein Übersetzungsgetriebe mit stetig veränderlicher Übersetzung u miteinander verbunden, die in Funktion der Zeit verändert wird. Mit jeder der beiden Wellen bewegen sich Massen, die, auf die zugehörige Welle reduziert, konstante Trägheitsmomente J_1 und J_2 ergeben. Außer den Momenten, welche die beiden Wellen durch das Übersetzungsgetriebe aufeinander ausüben, wirkt auf jede derselben ein reduziertes Moment M_1 bzw. M_2 drehend. Diese sind konstant oder Funktionen der Zeit t. Wie verändern sich die Winkelgeschwindigkeiten ω_1 und ω_2 der beiden Wellen?

Drehen sich die Wellen um die Winkel $d\varphi_1$ bzw. $d\varphi_2$, dann wird am gesamten System die Arbeit $dA = M_1\,d\varphi_1 + M_2\,d\varphi_2$

geleistet. Weil $d\varphi_1 = \omega_1\,dt$ und $d\varphi_2 = \omega_2\,dt$, ist auch $dA =$
$= (M_1\,\omega_1 + M_2\,\omega_2)\,dt$ und mit $u = \dfrac{\omega_2}{\omega_1}$, also $\omega_2 = u\,\omega_1$, auch

$$dA = (M_1 + u\,M_2)\,\omega_1\,dt. \tag{1}$$

Um die Arbeitsleistung dA erhöht sich die Wucht L des gesamten Systems, also ist

$$dA = dL. \tag{2}$$

Es ist

$$L = \frac{1}{2}\,\omega_1{}^2\,J_1 + \frac{1}{2}\,\omega_2{}^2\,J_2$$

oder mit $\omega_2 = u\,\omega_1$

$$L = \frac{1}{2}\,\omega_1{}^2\,(J_1 + u^2\,J_2).$$

Also ist:

$$dL = (J_1 + u^2\,J_2)\,\omega_1\,d\omega_1 + \frac{1}{2}\,\omega_1{}^2\,d\,(J_1 + u^2\,J_2). \tag{3}$$

Nun wird Gl. (1) und Gl. (3) in Gl. (2) eingesetzt:

$$d\,\omega_1\,(J_1 + u^2\,J_2) + \frac{1}{2}\,\omega_1\,d\,(J_1 + u^2\,J_2) = (M_1 + u\,M_2)\,dt.$$

Dies läßt sich auch so schreiben:

$$\frac{d\omega_1}{dt} + \omega_1\,\frac{d}{dt}\left(\operatorname{logn}\,\sqrt{J_1 + u^2\,J_2}\right) - \frac{M_1 + u\,M_2}{J_1 + u^2\,J_2} = 0. \tag{4}$$

Da (neben M_1 und M_2) u voraussetzungsgemäß eine Funktion der Zeit ist, ist es auch $\dfrac{d}{dt}\left(\operatorname{logn}\,\sqrt{J_1 + u^2\,J_2}\right)$, daher ist Gl. (4) eine lineare Differentialgleichung erster Ordnung. Die Lösungsgleichung (siehe z. B. Hütte *I*) einer solchen, auf Gl. (4) angewendet, ergibt mit der Integrationskonstanten C:

$$\omega_1 = \frac{1}{\sqrt{J_1 + u^2\,J_2}}\left[\int\limits^{t} \frac{M_1 + u\,M_2}{\sqrt{J_1 + u^2\,J_2}}\,dt + C\right]$$

oder

$$\omega_1\,\sqrt{J_1 + u^2\,J_2} = \int\limits^{t} \frac{M_1 + u\,M_2}{\sqrt{J_1 + u^2\,J_2}}\,dt + C. \tag{5}$$

ω_1 und u sollen für $t = 0$ die Werte ω_{10} und u_0 haben. Gl. (5), für diese Werte angeschrieben, lautet:

$$\omega_{10}\,\sqrt{J_1 + u_0{}^2\,J_2} = \int\limits^{t=0} \frac{M_1 + u\,M_2}{\sqrt{J_1 + u^2\,J_2}}\,dt + C. \tag{5a}$$

Zieht man Gl. (5a) von Gl. (5) ab, dann fällt C weg und es wird

$$\omega_1 = \frac{1}{\sqrt{J_1 + u^2 J_2}}\left(\omega_{10}\sqrt{J_1 + u_0^2 J_2} + \int_0^t \frac{M_1 + u\,M_2}{J_1 + u^2 J_2}\,dt\right).$$

Weil $\omega_2 = u\,\omega_1$ (daher $u\,\omega_{10} = \omega_{20}$) ist

$$\omega_2 = \frac{1}{\sqrt{J_1 + u^2 J_2}}\left(\omega_{20}\sqrt{J_1 + u_0^2 J_2} + u\int_0^t \frac{M_1 + u\,M_2}{J_1 + u^2 J_2}\,dt\right).$$

17. Übung.

Abb. 24 zeigt ein zweiflügeliges Windrad. Das Gehäuse G enthält einen elektrischen Generator, der von der Flügelradwelle

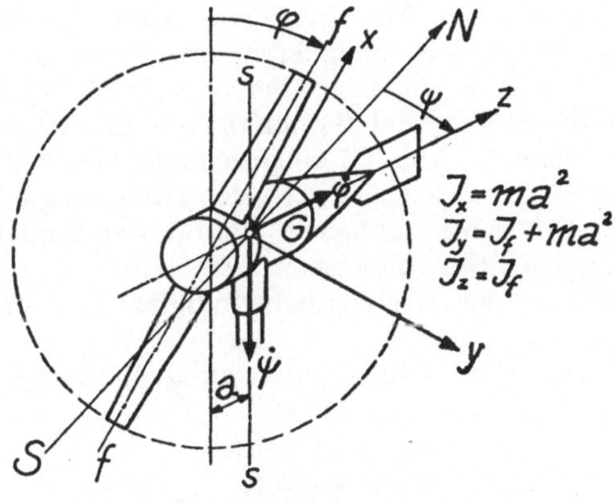

Abb. 24.

mit einer Stirnräder- oder Kettenübersetzung angetrieben wird. Das Ganze ist, zwecks Einstellung in den Wind, um die lotrechte Achse $s\,s$ schwenkbar. Die Trägheitsellipsoide aller umlaufenden Teile, mit Ausnahme des Flügelpaares, sind Rotationsellipsoide.

Das Trägheitsmoment des Flügelpaares um die Achse $f\,f$ der Flügel kann vernachlässigt werden. Es sind die Bewegungsgleichungen für die Schwenkbewegung und für die Flügelraddrehung aufzustellen.

Hier verspricht die Anwendung der LAGRANGEschen Gleichungen zweiter Art größte Einfachheit. Als generalisierte Koordinaten des Systems von zwei Freiheitsgraden werden der

Raddrehwinkel φ gegen die Lotrechte und der Schwenkwinkel ψ z. B. gegen die Nord-Süd-Richtung gewählt. Die lebendige Kraft L des Systems ist als Funktion von φ und ψ auszudrücken. Das Trägheitsmoment des Ganzen um die Schwenkachse, jedoch ohne das Flügelpaar, ist unveränderlich und werde J_S genannt. Wenn das Flügelpaar zunächst wieder ausgenommen wird, ist die Wucht L_0 die Summe aus der Wucht der Schwenkbewegung $\frac{1}{2} J_S \dot{\psi}^2$ und der Wucht der Rotationsbewegung. Letztere wird in gebräuchlicher Weise durch ein reduziertes Trägheitsmoment J_R ausgedrückt, welches mit Ausnahme des Flügelrades alle rotierenden Teile umfaßt und die Verschiedenheit ihrer Winkelgeschwindigkeiten berücksichtigt. Es ist dann

$$L_0 = \frac{1}{2} J_S \dot{\psi}^2 + \frac{1}{2} J_R \dot{\varphi}^2.$$

Es bleibt noch die Wucht L_f des Flügelpaares zu bestimmen. Seine Masse sei m_F, der Abstand seines Schwerpunktes von der Schwenkachse sei a, sein Trägheitsmoment um die Rotationsachse sei J_F. Die Richtungen der Trägheitshauptachsen des Flügelpaares durch den Schnittpunkt von Rotationsachse und Schwenkachse sind in Abb. 22 eingezeichnet und mit $x. y, z$ benannt. Die dort vermerkten Größen der Hauptträgheitsmomente J_x, J_y, J_z ergeben sich in einfacher Weise unter Berücksichtigung der eingangs gemachten Annahme.

Durch Zerlegen der Winkelgeschwindigkeiten $\dot{\varphi}$ und $\dot{\psi}$ in die Richtungen x, y, z
ergeben sich die Winkelgeschwindigkeitskomponenten in Richtung x, y, z zu

$$\omega_x = -\dot{\psi} \cos \varphi,$$
$$\omega_y = \dot{\psi} \sin \varphi,$$
$$\omega_z = \dot{\varphi}.$$

Es ist

$$L_f = \frac{1}{2} (J_x \omega_x^2 + J_y \omega_y^2 + J_z \omega_z^2),$$

$$= \frac{1}{2} (m\, a^2\, \dot{\psi}^2 \cos \varphi^2 + [J_F + ma^2]\, \dot{\psi}^2 \sin^2 \varphi + J_F\, \dot{\varphi}^2),$$

$$= \frac{1}{2} (\dot{\psi}^2\, [m\, a^2 + J_F \sin^2 \varphi] + \dot{\varphi}^2\, J_F).$$

Damit und mit der schon bekannten Wucht L_0 ergibt sich die Gesamtwucht

$$L = L_0 + L_f = \frac{1}{2} (\dot{\psi}^2\, [J_s + m\, a^2 + J_F \sin^2 \varphi] + \dot{\varphi}^2\, [J_F + J_R]).$$

$J_S + J_F + m\,a^2 = J_{S\,\max}$ ist das maximale Trägheitsmoment des Ganzen um die Schwenkachse, $J_F + J_R = J_{R\,ges}$ ist das gesamte reduzierte Trägheitsmoment für die Rotation. Mit der Einführung dieser Größen wird

$$L = \frac{1}{2}\left[\dot{\varphi}^2\,J_{R\,ges} + \dot{\psi}^2\,(J_{S\,\max} - J_F\cos^2\varphi)\right]. \qquad (1)$$

Die LAGRANGEschen Gleichungen zweiter Art lauten im vorliegenden Fall, wenn t die Zeit und A die am und im System geleistete Arbeit ist,

$$\left.\begin{aligned}
\frac{d}{dt}\left(\frac{\partial L}{\partial\dot{\varphi}}\right) - \frac{\partial L}{\partial\varphi} &= \frac{\partial A}{\partial\varphi}, \\
\frac{d}{dt}\left(\frac{\partial L}{\partial\dot{\psi}}\right) - \frac{\partial L}{\partial\psi} &= \frac{\partial A}{\partial\psi}.
\end{aligned}\right\} \qquad (2)$$

Aus Gl. (1) gewinnt man

$$\frac{\partial L}{\partial\dot{\varphi}} = \dot{\varphi}\,J_{R\,ges}, \quad \text{woraus folgt}\quad \frac{d}{dt}\left(\frac{\partial L}{\partial\dot{\varphi}}\right) = \ddot{\varphi}\,J_{R\,ges},$$

$$\frac{\partial L}{\partial\varphi} = \frac{1}{2}\dot{\psi}^2\,J_F\sin 2\varphi,$$

$$\frac{\partial L}{\partial\dot{\psi}} = \dot{\psi}\,(J_{S\,\max} - J_F\cos^2\varphi) = \dot{\psi}\left[J_{S\,\max} - \frac{J_F}{2}\,(1 + \cos 2\varphi)\right],$$

woraus folgt

$$\frac{d}{dt}\left(\frac{\partial L}{\partial\dot{\psi}}\right) = \ddot{\psi}\left[J_{S\,\max} - \frac{J_F}{2}\,(1 + \cos 2\varphi)\right] + \dot{\varphi}\,\dot{\psi}\,J_F\sin 2\varphi.$$

$$\frac{\partial L}{\partial\psi} = 0.$$

Denkt man sich nur φ verändert, dann erkennt man, daß $\dfrac{\partial A}{\partial\varphi} = M_R$ die algebraische Summe der um die Rotationsachsen gebildeten Momente von allen auf die rotierenden Teile wirkenden Kräfte ist, wobei diese Momente, auf die Flügelradachse reduziert, zu nehmen sind. In diese Summe gehen daher ein das Drehmoment der Windkräfte auf die Flügel, das elektrodynamische Drehmoment auf den Anker des Generators, Drehmomente der Lager- und Bürstenreibung. Denkt man sich nur ψ verändert, dann erkennt man, daß $\dfrac{\partial A}{\partial\psi} = M_S$ die algebraische Summe der um die Schwenkachse gebildeten Momente aller äußeren Kräfte ist, die auf das System wirken. In diese Summe gehen ein das Schwenkmoment der Luftkräfte, das Reibungsmoment der Schwenklagerung. Nunmehr sind alle Glieder der Gl. (2) ausgerechnet bzw. festgelegt und diese können geschrieben werden:

$$\ddot{\varphi}\, J_{R\,\text{ges}} - \frac{1}{2}\, \dot{\psi}^2\, J_F \sin 2\,\varphi = M_R. \tag{3}$$

$$\ddot{\psi}\left[J_{S\,\text{max}} - \frac{J_F}{2}\,(1 + \cos 2\,\varphi) \right] + \dot{\varphi}\,\dot{\psi}\, J_F \sin 2\,\varphi = M_S. \tag{4}$$

Diese sind die gesuchten Bewegungsgleichungen in der Form zweier simultaner Differentialgleichungen.

18. Übung.

Ein schnell laufender Kreisel (Abb. 25) ist im Punkt O seiner Figurenachse abgestützt, deren Lage durch die Winkel φ und ψ angegeben werden möge. ψ ist der Winkel der Figurenachse gegen die feste Richtung Oz; φ ist der Winkel der gemeinsamen Ebene durch die Figurenachse und Oz gegen eine feste Ebene durch Oz. (Die Koordinaten φ und ψ heißen auch „Polabstand" und „Azimut"). Auf die Figurenachse des Kreisels wirken Kräfte, welche bezüglich der Achse Oz ein Moment M_φ und bezüglich der durch O gehenden, zu Oz und zur Figurenachse senkrechten Achse ein Moment M_ψ haben. Man stelle die Bewegungsgleichungen des Kreisels mittels der LAGRANGE-schen Gleichungen zweiter Art auf und prüfe das Ergebnis durch Anwendung auf die Präzession und Nutation des Kreisels.

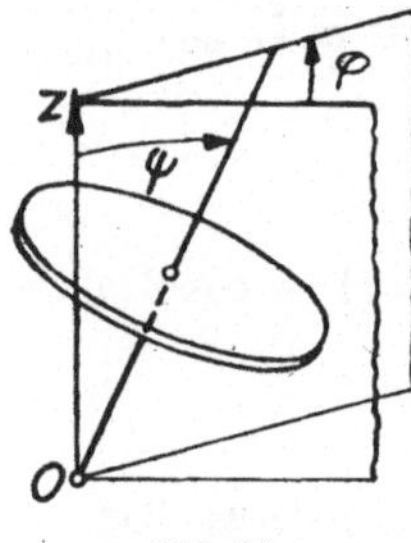

Abb. 25.

φ und ψ sind generalisierte Koordinaten im Sinne von LAGRANGE. Zur Festlegung des Kreisels muß aber noch eine weitere hinzukommen, also der Drehungswinkel ν eines bestimmten Kreiselpunktes gegen die Ebene durch Oz und die Figurenachse. Durch die Veränderungen von ν, φ, ψ ergeben sich Winkelgeschwindigkeiten $\dot{\nu}$, $\dot{\varphi}$, $\dot{\psi}$ des Kreisels, deren Resultierende eine Komponente ω_F in Richtung der Figurenachse und eine Komponente ω_Q quer dazu besitzt.

Aus Abb. 26 ist zu entnehmen:

$$\omega_F = \dot{\nu} + \dot{\varphi} \cos \psi.$$
$$\omega_Q^2 = (\dot{\varphi} \sin \psi)^2 + \dot{\psi}^2. \tag{1}$$

Das Trägheitsmoment des Kreisels um die Figurenachse heiße F, das um eine Querachse durch O heiße Q. Die Wucht L des Kreisels ist

$$L = \frac{1}{2}\,(F\,\omega_F{}^2 + Q\,\omega_Q{}^2)$$

und wird somit

$$L = \frac{1}{2}\,[F\,(\dot{\nu} + \dot{\varphi}\cos\psi)^2 + Q\,(\dot{\varphi}^2\sin^2\psi + \dot{\psi}^2)]. \qquad (2)$$

Bei Veränderungen von ν, φ, ψ ist die Arbeitsleistung der auf den Kreisel wirkenden Kräfte

$$dA = M_\varphi\,d\varphi + M_\psi\,d\psi. \qquad (3)$$

Es ergibt sich aus Gl. (2) bzw. (3):

$$\frac{\partial L}{\partial \dot{\nu}} = F\,(\dot{\nu} + \dot{\varphi}\cos\psi), \qquad \frac{\partial L}{\partial \nu} = 0, \qquad \frac{\partial A}{\partial \nu} = 0.$$

Damit und aus der LAGRANGEschen Gleichung für Koordinate ν:

$$\frac{d}{dt}\left(\frac{\partial L}{\partial \dot{\nu}}\right) - \frac{\partial L}{\partial \nu} = \frac{\partial A}{\partial \nu},$$

wird

$$F\cdot\frac{d}{dt}\,(\dot{\nu} + \dot{\varphi}\cos\psi) = 0.$$

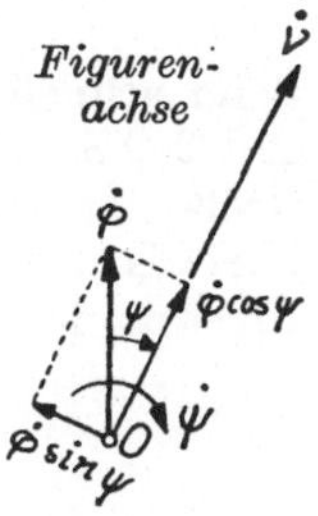

Abb. 26.

Es ist also $\dot{\nu} + \dot{\varphi}\cos\psi =$ konstant, also wegen Gl. (1)

$$\omega_F = \dot{\nu} + \dot{\varphi}\cos\psi = \text{konstant.} \qquad (4)$$

Es ergibt sich aus Gl. (2)

$$\frac{\partial L}{\partial \dot{\varphi}} = F\,(\dot{\nu} + \dot{\varphi}\cos\psi)\cos\psi + Q\,\dot{\varphi}\sin^2\psi.$$

Mit Berücksichtigung von Gl. (4) wird daraus

$$\frac{d}{dt}\left(\frac{\partial L}{\partial \dot{\varphi}}\right) = -(F\,\omega_F - 2\,Q\,\dot{\varphi}\cos\psi)\sin\psi\,\dot{\psi} + Q\sin^2\psi\,\ddot{\varphi}.$$

Es folgt weiter aus Gl. (2) $\dfrac{\partial L}{\partial \varphi} = 0$, und aus Gl. (3) $\dfrac{\partial A}{\partial \varphi} = M_\varphi$. Eingesetzt in die LAGRANGEsche Gleichung für Koordinate φ:

$$\frac{d}{dt}\left(\frac{\partial L}{\partial \dot{\varphi}}\right) - \frac{\partial L}{\partial \varphi} = \frac{\partial A}{\partial \varphi},$$

wird

$$-(F\,\omega_F - 2\,Q\,\dot{\varphi}\cos\psi)\sin\psi\,\dot{\psi} + Q\sin^2\psi\,\ddot{\varphi} = M_\varphi. \qquad (5)$$

Es ergibt sich aus Gl. (2) bzw. Gl. (3)

$$\frac{\partial L}{\partial \dot\psi} = Q\,\dot\psi, \quad \frac{d}{dt}\left(\frac{\partial L}{\partial \dot\psi}\right) = Q\,\ddot\psi,$$

$$\frac{\partial L}{\partial \psi} = -\,F\,\omega_F \sin\psi\,\dot\varphi + Q\,\dot\varphi^2 \sin\psi \cos\psi$$

$$= -\,(F\,\omega_F - Q\,\dot\varphi \cos\psi)\sin\psi\cdot\dot\varphi, \quad \frac{\partial A}{\partial \psi} = M_\psi.$$

Eingesetzt in die LAGRANGEsche Gleichung für Koordinate ψ:

$$\frac{d}{dt}\left(\frac{\partial L}{\partial \dot\psi}\right) - \frac{\partial L}{\partial \psi} = \frac{\partial A}{\partial \psi},$$

wird

$$Q\,\ddot\psi + (F\,\omega_F - Q\,\dot\varphi \cos\psi)\sin\psi\,\dot\varphi = M_\psi. \qquad (6)$$

Beim schnellen Kreisel können in den Gl. (5) und (6) $Q\,\dot\varphi \cos\psi$ und $2\,Q\,\dot\varphi \cos\psi$ gegenüber $F\,\omega_F$ vernachlässigt werden. Letztere Größe ist offensichtlich die Projektion Θ_F des Dralles Θ des Kreisels auf die Figurenachse, welche Projektion wegen Gl. (4) konstant ist. Mit all dem wird aus den Gl. (5) und (6):

$$\left.\begin{array}{l} Q \sin^2\psi\,\ddot\varphi - \Theta_F \sin\psi\,\dot\psi = M_\varphi. \\[4pt] Q\,\ddot\psi + \Theta_F \sin\psi\,\dot\varphi = M_\psi. \end{array}\right\} \qquad (7)$$

Die Präzession eines Kreisels ist die Bewegungsform, bei welcher $M_\varphi = 0$ und $\psi = $ konst., also $\dot\psi = \ddot\psi = 0$ ist.

Die Gl. (7) ergeben dafür:

$$\ddot\varphi = 0,$$

somit

$$\boxed{\dot\varphi = \text{konst.}}$$

und

$$\boxed{M_\psi = \Theta_F \sin\psi\,\dot\varphi,}$$

in Übereinstimmung mit der Lehre vom Kreisel. Falls dieser nicht schnell umläuft, ergibt sich aus Gl. (6), wenn für ω_F aus Gl. (4) eingesetzt wird:

$$\boxed{M_\psi = F\,\dot\nu\,\dot\varphi \sin\psi + (F - Q)\,\varphi^2 \sin\psi \cos\psi,}$$

in Übereinstimmung mit dem Ergebnis der üblichen Betrachtungsweise.

Nutationen ergeben sich bei $M_\varphi = 0$, und $M_\psi =$ konst. (zumindest annähernd). ψ schwankt dabei so wenig, daß für sin ψ ein Mittelwert k genommen werden darf. Es ist nach den Gl. (7)

$$Q\,k^2\,\ddot{\varphi} - \Theta_F\,k\,\dot{\psi} = 0,$$

also

und

$$\left. \begin{aligned} Q\,k\,\ddot{\varphi} - \Theta_F\,\dot{\psi} &= 0 \\[2mm] Q\,\ddot{\psi} + \Theta_F\,k\,\dot{\varphi} &= M_\varphi. \end{aligned} \right\} \qquad (8)$$

Indem man die untere Gleichung nach der Zeit t differenziert und daraus $\ddot{\varphi}$ in die obere Gleichung einsetzt, erhält man

$$\dddot{\psi} + \left(\frac{\Theta_F}{Q}\right)^2 \dot{\psi} = 0.$$

Das Integral davon ist mit den Konstanten $A,\ B,\ C$:

$$\psi = A \sin \frac{\Theta_F}{Q}\,t + B \cos \frac{\Theta_F}{Q}\,t + C. \qquad (9)$$

Aus der oberen der Gl. (8) folgt

$$\ddot{\varphi} = \frac{\Theta_F}{Q\,k}\,\dot{\psi}$$

und durch zweimalige Integration, wobei die Konstanten D und E auftreten,

$$\varphi = \frac{\Theta_F}{Q\,k} \int \psi\,dt + D\,t + E.$$

Es ergibt sich unter Berücksichtigung von Gl. (9)

$$\varphi = \frac{1}{k}\left(-A \cos \frac{\Theta_F}{Q}\,t + B \sin \frac{\Theta_F}{Q}\,t\right) + (C + D)\,t + E.$$

$C + D$ wird zur neuen Konstanten C' gemacht:

$$\varphi = \frac{1}{k}\left(-A \cos \frac{\Theta_F}{Q}\,t + B \sin \frac{\Theta_F}{Q}\,t\right) + C'\,t + E. \qquad (10)$$

Aus den Gl. (9) und (10) lassen sich die Kennzeichen der Nutationsbewegung ablesen, insbesondere, daß die Zeit T_n einer Nutation sich richtig ergibt zu

$$\boxed{\; T_n = 2\,\pi\,\frac{Q}{\Theta_F} \;}$$

19. Übung.

Um das von einer Kraftmaschine K (Abb. 27) entwickelte Drehmoment $\overset{\cdot}{M}$ zu bestimmen, kuppelt man sie mit einem elektrischen Generator, dessen Ständer S leicht drehbar gelagert ist und sich über das Dynamometer D abstützt. Das von D auf S ausgeübte Drehmoment M_D wächst proportional der Verdrehung von S, und zwar um c je Bogeneinheit. Dem elektrisch-magnetischen Verhalten des Generators entspreche, daß das zwischen Stator und Rotor wirkende

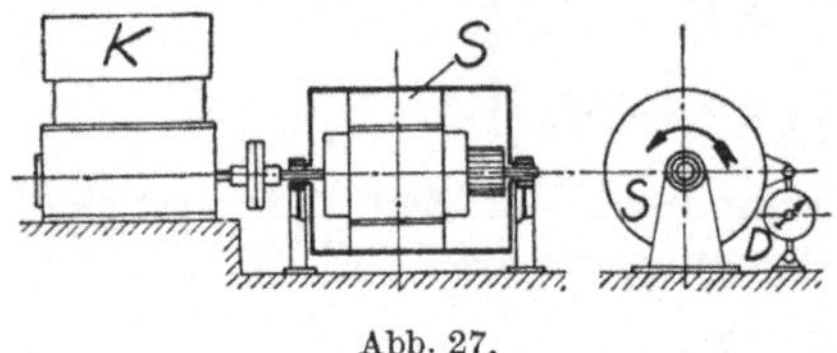

Abb. 27.

innere Drehmoment M_i von der relativen Winkelgeschwindigkeit ω_i zwischen Rotor und Stator abhängt, gemäß

$$M_i = M_0 \left(\frac{\omega_i}{\omega_0} - 1 \right),$$

worin M_0 (Stillstandsdrehmoment) und ω_0 (Leerlaufwinkelgeschwindigkeit) Konstante sind. Wie verläuft die Anzeige M_D des Dynamometers, wenn das Drehmoment der Kraftmaschine plötzlich von einem auf einen anderen konstanten Wert steigt oder fällt?

Es bezeichne φ den Drehwinkel des Stators, von der Lage bei Nullanzeige des Dynamometers an gerechnet, ω_R die Winkelgeschwindigkeit des Rotors, J_R das Trägheitsmoment aller mit dem Rotor umlaufenden Teile, J_S das Trägheitsmoment des Stators, wobei J_R und J_S um die gemeinsame Drehachse gerechnet sind.

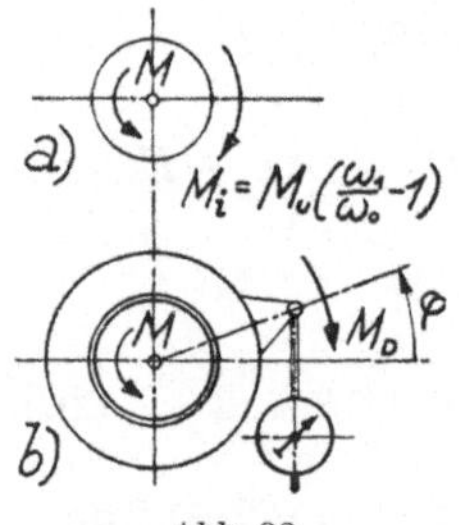

Abb. 28.

Auf die mit dem Rotor umlaufenden Teile wirkt (Abb. 28a) als Summe M_R aller äußeren Momente um die Drehachse

$$M_R = M - M_0 \left(\frac{\omega_i}{\omega_0} - 1 \right)$$

und daher ergibt sich aus der Bewegungsgleichung $M_R = J_R \dot{\omega}_R$

$$M - M_0 \left(\frac{\omega_i}{\omega_0} - 1 \right) = J_R \dot{\omega}_R. \tag{1}$$

Der Drall des aus den beiden drehbaren Teilen bestehenden Systems bezüglich der gemeinsamen Drehachse ist $\Theta = J_R \omega_R +$

$+ J_S\,\dot{\varphi}$. Es muß $\dot{\Theta} = J_R\,\dot{\omega}_R + J_S\,\ddot{\varphi}$ gleich der Summe der auf das System wirkenden äußeren Momente um die gemeinsame Drehachse sein, welche Summe nach Abb. 28b gleich $M - M_D$ ist. Daher:

$$M - M_D = J_R\,\dot{\omega}_R + J_S\,\ddot{\varphi}. \tag{2}$$

Offenbar ist $\omega_i = \omega_R - \dot{\varphi}$ und damit wird Gl. (1)

$$M - M_0 \left(\frac{\omega_R - \dot{\varphi}}{\omega_0} - 1 \right) = J_R\,\dot{\omega}_R. \tag{1a}$$

Aus $M_D = c\,\varphi$ folgt $\varphi = \dfrac{M_D}{c}$ und $\dot{\varphi} = \dfrac{\dot{M}_D}{c}$, sowie $\ddot{\varphi} = \dfrac{\ddot{M}_D}{c}$; die vorletzte Gleichung wird in Gl. (1a) eingesetzt, die letzte Gleichung in Gl. (2):

$$M - M_0 \left(\frac{\omega_R - \dfrac{\dot{M}_D}{c}}{\omega_0} - 1 \right) = J_R\,\dot{\omega}_R. \tag{3}$$

$$M - M_D = J_R\,\dot{\omega}_R + \frac{J_S}{c}\,\ddot{M}_D. \tag{4}$$

Aus diesen Gleichungen muß eine von ω_R und $\dot{\omega}_R$ freie gebildet werden:

Man zieht zunächst Gl. (3) von Gl. (4) ab:

$$M_0 \left(\frac{\omega_R - \dfrac{\dot{M}_D}{c}}{\omega_0} - 1 \right) - M_D = \frac{J_S}{c}\,\ddot{M}_D.$$

Die erhaltene Gleichung differenziert man nach der Zeit:

$$\frac{M_0}{\omega_0}\,\dot{\omega}_R - \frac{M_0}{\omega_0\,c}\,\ddot{M}_D - \dot{M}_D = \frac{J_s}{c}\,\dddot{M}_D.$$

Daraus und aus Gl. (4) wird $\dot{\omega}_R$ eliminiert:

$$\dddot{M}_D + \ddot{M}_D \left(\frac{1}{J_R} + \frac{1}{J_s} \right) \frac{M_0}{\omega_0} + \dot{M}_D \frac{c}{J_s} + M_D \frac{c\,M_0}{J_R\,J_s\,\omega_0} =$$
$$= M \frac{c\,M_0}{J_R\,J_s\,\omega_0}. \tag{5}$$

Um zu dieser *inhomogenen* linearen Differentialgleichung mit konstanten Koeffizienten zu gelangen, brauchte M nicht unveränderlich angenommen zu werden. Von jetzt an soll im Sinne der Fragestellung M konstant sein. Ein partikuläres Integral von Gl. (5) ist dann $M_D = M$. Um zum vollständigen Integral von Gl. (5) zu gelangen, ist nach einem bekannten Satz zu

$M_D = M$ noch das vollständige Integral der *homogenen* Differentialgleichung

$$\dddot{M}_D + \ddot{M}_D \left(\frac{1}{J_R} + \frac{1}{J_s} \right) \frac{M_0}{\omega_0} + \dot{M}_D \frac{c}{J_s} + M_D \frac{c\,M_0}{J_R\,J_s\,\omega_0} = 0 \qquad (6)$$

hinzuzufügen. Die Bedingung dafür, daß sich die Anzeige des
Dynamometers gedämpft schwingend oder aperiodisch einspielt,
ist daher der stabile Verlauf von M_D als Lösung der Gl. (6), welcher
nach HURWITZ gegeben ist, wenn das Produkt der Koeffizienten
von $\ddot{M}_D$ und $\dot{M}_D$ weniger dem der Koeffizienten von $\dddot{M}_D$ und M_D
eine positive Zahl gibt. Dies ist der Fall, denn man erhält
$M_D \cdot c/\omega_0 J_s^2$. Die Vorrichtung verhält sich daher bei Belastungs-
wechsel durchaus stabil.

20. Übung.

Bei den Laufrädern von Kaplanturbinen und bei manchen
Windrädern und Propellern sind die Schaufeln um eine die Um-
drehungsachse des Rades senkrecht schneidende oder kreuzende
Achse verstellbar.

Man gebe die Momente um die Verstellachse an, die infolge
der Massenwirkung der gleichförmig mit der Winkelgeschwindigkeit ω umlaufenden Schaufeln nötig sind, um diese in ihrer Stellung
festzuhalten. Wie verändert sich das gesuchte Moment mit der
Schaufelstellung?

Da sich die Schaufeln nicht gleichförmig *geradlinig*, sondern
gleichförmig *kreisend* bewegen, sind sie nicht im Gleichgewicht.
Man darf jedoch die Gleichgewichtsbedingungen anwenden, wenn
an jedem Teilchen (Masse dm) der Schaufeln dessen Fliehkraft dC
angebracht wird.

Es sei ein Achsenkreuz nach Abb. 29 zugrunde gelegt:
z-Achse ist die Verstellachse,
$z\,x$-Ebene parallel Radebene,
$x\,y$-Ebene durch die Radachse.

Die letztere habe von der Verstellachse den Abstand e. Die
Gleichgewichtsbedingung lautet:

Gesuchtes Moment M plus Summe aller Fliehkraftmomente
$d\,M^c$ um die z-Achse gleich null, somit

$$M + \int dM_z{}^c = 0 \quad \text{oder} \quad M = -\int dM_z{}^c. \qquad (1)$$

Die Fliehkraft eines Teilchens mit dem Abstand R von der Radachse wirkt in Richtung von R und ist $dC = dm\, R\, \omega^2$.

Abb. 29 zeigt: $dM_z{}^c = - dC \cos(R\,x)\cdot y$. Also ist $dM_z{}^c = -\omega^2\, dm\, y\, R \cos(R\,x)$. Aus Abb. 29 geht weiter hervor $R \cos(R\,x) = x - e$. Daher wird $dM_z{}^c = -\omega^2\, dm\, y\, (x - e)$ und durch Einsetzen in Gl. (1)

$$M = \omega^2 \left[\int dm\, x\, y - \right.$$

$$\left. - e \int dm\, y \right]. \qquad (2)$$

$$\int dm\, x\, y = J_{xy} \qquad (3)$$

ist das Deviationsmoment des Flügels bezüglich der sich in der Verstellachse schneidenden Koordinatenebenen. Nach der Definition des Schwerpunktes, der durch Index s bezeichnet sei, ist

$$\int dm\, y = m\, y_s. \qquad (4)$$

Gl. (3) und (4) werden in Gl. (2) eingesetzt:

$$M = \omega^2 \left[J_{xy} - e\, y_s\, m \right]. \qquad (5)$$

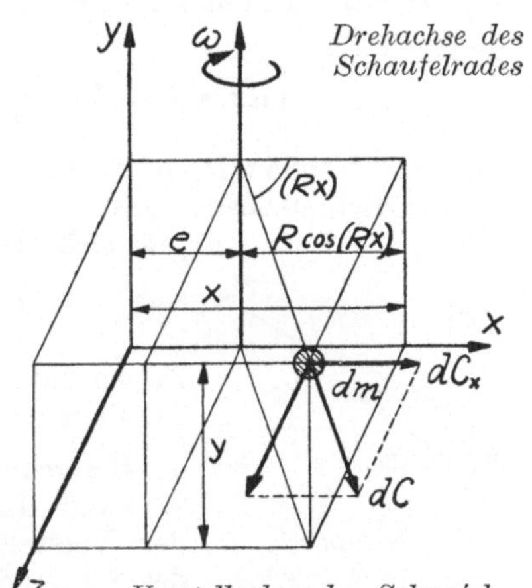

Verstellachse der Schaufel

Abb. 29.

Es ist nun die Veränderlichkeit der beiden Momentenanteile, aus denen sich M zusammensetzt, zu untersuchen. J_{xy} wird null, wenn eine beliebige der beiden durch die Verstellachse gehenden Hauptträgheitsebenen in die zx-Ebene fällt, also zur Radebene parallel wird. Gegenüber einer solchen Schaufelstellung, die durch Index a bezeichnet sei, werde eine Verstellung um den Winkel τ vorgenommen, so daß also τ der Winkel der einen Hauptträgheitsebene gegen die Radebene ist. Dabei verändert sich (Abb. 30) für jedes Schaufelteilchen:

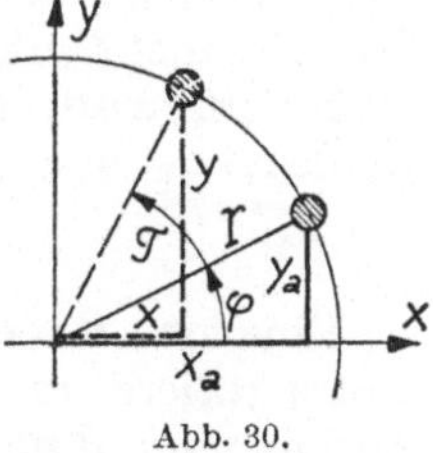

Abb. 30.

$$x_a \text{ in } x = r \cos(\varphi + \tau) = r \cos\varphi \cos\tau - r \sin\varphi \sin\tau$$
$$= x_a \cos\tau - y_a \sin\tau,$$

$$y_a \text{ in } y = r \sin(\varphi + \tau) = r \sin\varphi \cos\tau + r \cos\varphi \sin\tau$$
$$= y_a \cos\tau + x_a \sin\tau.$$

Daher wird das Deviationsmoment

$$J_{xy} = \int dm\, x\, y = \int dm\, [x_a\, y_a\, (\cos^2\tau - \sin^2\tau) + (x_a^2 - y_a^2)\sin\tau\cos\tau]$$

$$= \cos 2\tau \int dm\, x_a\, y_a + \frac{1}{2}\sin 2\tau \left(\int dm\, x_a^2 - \int dm\, y_a^2\right).$$

Das Deviationsmoment $\int dm\, x_a\, y_a$ ist nach dem Gesagten gleich null.

$$\int dm\, y_a^2 = J_T \quad \text{und} \quad \int dm\, x_a^2 = J_{\perp T}$$

sind die Trägheitsmomente bezüglich der einen bzw. der anderen Hauptträgheitsebene durch die Verstellachse (Abb. 31). Es ergibt sich also

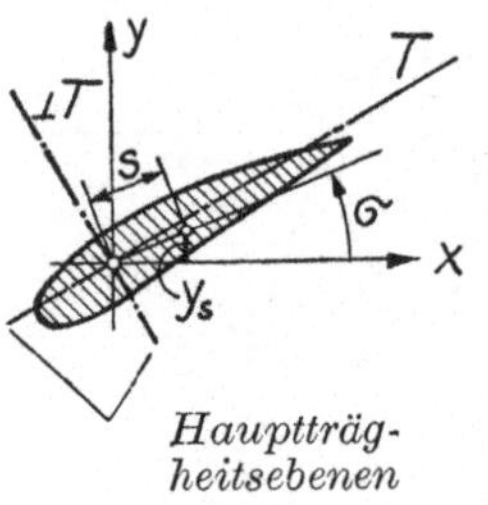

*Hauptträg-
heitsebenen*

Abb. 31.

$$J_{xy} = \frac{J_{\perp T} - J_T}{2}\sin 2\tau. \qquad (6)$$

Zu beachten ist, daß $J_{\perp T}$ und J_T *planare* Trägheitsmomente sind.

Bezeichnet man (Abb. 31) mit s den Abstand des Schaufelschwerpunktes S von der Verstellachse und mit σ den Winkel des Schwerpunktstrahles mit der Radebene, dann ist $y_s = s\sin\sigma$ und damit und mit Gl. (6) wird Gl. (5)

$$\boxed{M = \omega^2\left[\frac{J_{\perp T} - J_T}{2}\sin 2\tau - m\, s\, e\, \sin\sigma\right].}$$

Man bemerkt, daß es auf die z-Koordinaten der Teilchen der Schaufel nicht ankommt. Sie können daher, ohne daß die Wirkung verändert wird, parallel zur Verstellachse beliebig verschoben werden.

21. Übung.

Eine um ihren Mittelpunkt annähernd reibungslos drehbare Kugel rotiere um eine Achse mit der Winkelgeschwindigkeit ω_a. An einer im Raum festen Stelle wird nunmehr gegen die Kugel gedrückt, so daß dort beim Gleiten eine konstante Gleitreibungskraft R entsteht. Wie verändert sich die anfängliche Winkelgeschwindigkeit der Kugel?

Das Trägheitsellipsoid für den Drehpunkt (Mittelpunkt) der Kugel ist selbst eine Kugel und die Richtungen des Dralles Θ

und der Winkelgeschwindigkeit ω fallen daher zusammen; außerdem besteht zahlenmäßig zwischen beiden die Beziehung

$$\Theta = J\,\omega, \tag{1}$$

wobei J das axiale Trägheitsmoment der Kugel ist. In Abb. 32 sieht man, daß das Moment M um den Drehpunkt, als Wirkung des infolge ω bestehenden Gleitens, in der Ebene durch ω und die Gleitstelle liegt, und zwar senkrecht zum Radius der letzteren steht. $M = R\,r$ ist die Änderungsgeschwindigkeit des Dralles, so daß sich vermöge Gl. (1) die Änderungsgeschwindigkeit von ω zu $\dfrac{R\,r}{J}$ ergibt (M bzw. R kann stets nur ein *Verkleinern* von ω bewirken, da die Reibungsarbeit stets negativ sein muß). Demnach verändert sich die Winkelgeschwindigkeit in einer Ebene, die gegeben ist durch die anfängliche Winkelgeschwindigkeit ω_a und die Gleitstelle, wobei die Projektion von ω auf die Richtung des Radius der Gleitstelle

Abb. 32.

unveränderlich ist. Schließlich wird ω durch die Gleitstelle hindurchgehen und damit (von der sogenannten Bohrreibung abgesehen) das Gleiten, die Gleitreibungskraft und ihr Moment verschwinden. Von da an ist ω konstant und hat die Größe der Projektion von ω_a auf die Richtung des Radius der Gleitstelle. Die dazu senkrechte Komponente $\omega_\perp$ von ω verändert sich nach obigem mit der Geschwindigkeit $\dfrac{R\,r}{J}$, so daß $\omega_\perp$, wenn ihr anfänglicher Wert $\omega_{\perp a}$ war, nach der Zeit

$$t = \frac{\omega_{\perp a}}{\dfrac{R\,r}{J}} = \frac{J\,\omega_{\perp a}}{R\,r}$$

verschwunden ist und nach Obigem auch bleibt.

22. Übung.

Welche Kräfte auf Lagerung und Antrieb übt ein zweiflügeliger Propeller durch Massenwirkung aus, der mit der konstanten Winkelgeschwindigkeit ω_u umläuft, wenn seine Umlaufachse um eine quer dazu gerichtete Achse mit der konstanten Winkelgeschwindigkeit ω_S geschwenkt wird? Es ist der Vergleich mit einem mehrflügeligen Propeller zu ziehen.

Der Propellerschwerpunkt S fällt auf die Umlaufachse. Die Massenwirkung infolge der Schwerpunktsbewegung ist dann so einfach zu überschauen, daß von ihr abgesehen werden soll, d. h. die Schwenkachse wird durch S angenommen, wie dies Abb. 33 zeigt. Wegen der Eigenart der Propellergestalt kann annähernd angenommen werden:

1. Trägheitsmoment J_x um jene Schwerpunkts-Hauptträgheitsachse x, welche in Flügelrichtung liegt, gleich null:

$$J_x = 0. \tag{1}$$

2. Trägheitsmomente J_y und J_z um die beiden anderen Schwerpunkts-Hauptträgheitsachsen y und z, von denen letztere mit der Umlaufachse zusammenfällt, untereinander gleich:

$$J_y = J_z = J. \tag{2}$$

Der Winkel φ der Flügel- oder Hauptträgheitsachse x gegen die Schwenkachse verändert sich proportional zur Zeit t:

$$\varphi = \omega_u\, t. \tag{3}$$

Sind ω_x, ω_y, ω_z die Projektionen der resultierenden Winkelgeschwindigkeit ω des Propellers auf die Hauptträgheitsachsen, dann haben nach EULER die vom Propeller ausgeübten Kräfte ein Moment mit folgenden Komponenten bezüglich der Hauptträgheitsachsen:

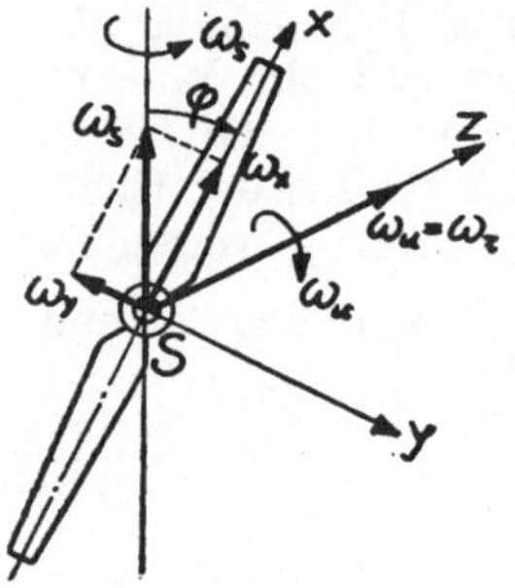

$$\left.\begin{aligned}
M_x &= -J_x \frac{d\omega_x}{dt} + (J_y - J_z)\,\omega_y\,\omega_z, \\
M_y &= -J_y \frac{d\omega_y}{dt} + (J_z - J_x)\,\omega_z\,\omega_x, \\
M_z &= -J_z \frac{d\omega_z}{dt} + (J_x - J_y)\,\omega_x\,\omega_y.
\end{aligned}\right\} \tag{4}$$

Nach Abb. 33 ist:

$$\left.\begin{aligned}
\omega_x &= \omega_s \cos\varphi, \\
\omega_y &= -\omega_s \sin\varphi, \\
\omega_z &= \omega_u \ (= \text{konst.}).
\end{aligned}\right\} \tag{5}$$

Abb. 33.

Daraus wird

$$\frac{d\omega_x}{dt} = -\omega_s \sin\varphi \cdot \frac{d\varphi}{dt}; \quad \frac{d\omega_y}{dt} = -\omega_s \cos\varphi\, \frac{d\varphi}{dt}; \quad \frac{d\omega_z}{dt} = 0.$$

Aus Gl. (3) folgt $\dfrac{d\varphi}{dt} = \omega_u$, so daß:

$$\left.\begin{aligned}
\frac{d\omega_x}{dt} &= -\omega_u\,\omega_s \sin\varphi, \\
\frac{d\omega_y}{dt} &= -\omega_u\,\omega_s \cos\varphi, \\
\frac{d\omega_z}{dt} &= 0.
\end{aligned}\right\} \tag{6}$$

Aus den Gl. (4) wird durch Einsetzen von Gl. (1), (2), (5), (6):

$$\left.\begin{aligned}
M_x &= 0, \\
M_y &= 2\,J\,\omega_u\,\omega_s \cos\varphi, \\
M_z &= \frac{1}{2}\,J\,\omega_s^2 \sin 2\,\varphi.
\end{aligned}\right\} \tag{7}$$

Da der Schwerpunkt ruhend angenommen ist, stellen die Gl. (7) Komponenten eines reinen Kräftepaares dar. Es wirken also zusammen:

1. Ein Kräftepaar vom Moment $M_z = \dfrac{1}{2}\,J\,\omega_s^2 \sin 2\,\varphi$ um die Umlaufachse. Auf seine Größe ist die Umlaufgeschwindigkeit ohne Einfluß. Es pulsiert sinusförmig mit der Zeit und ist immer dann null, wenn die Flügel gerade parallel ($\varphi = 0$) oder gerade senkrecht $\left(\varphi = \dfrac{\pi}{2}\right)$ zur Schwenkachse stehen.

2. Ein Kräftepaar vom Moment $M_y = 2\,J\,\omega_u\,\omega_s \cos\varphi$, dessen Ebene stets die durch Flügel- und Umlaufachse ist, also mit dem Propeller umläuft. Es pulsiert sinusförmig mit der Zeit, hat die Amplitude $2\,J\,\omega_u\,\omega_s$ und ist immer dann null, wenn

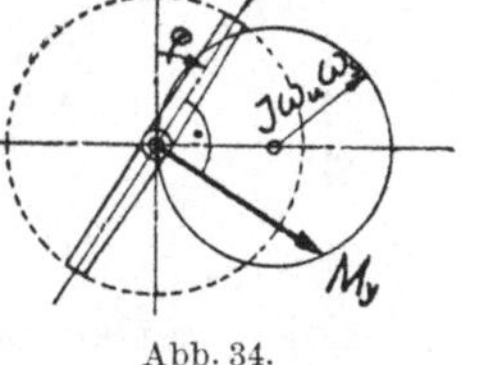

Abb. 34.

die Flügel gerade senkrecht zur Schwenkachse stehen. Seine Größe und Lage im Raum ist, wie aus Gl. (7) hervorgeht, darstellbar durch Abb. 34.

Der Propeller mit mehr als zwei Flügeln hat ein Rotationsellipsoid als Trägheitsellipsoid, bildet also einen gewöhnlichen Kreisel; daher entfällt das Kräftepaar (M_z) um die Umlaufachse. Es bleibt einzig ein Kräftepaar in der Ebene durch Schwenkachse und Umlaufachse von der Größe $J\,\omega_u\,\omega_s$. Die Massenwirkung des zweiflügeligen Propellers beim Schwenken ist also größer als die der mehrflügeligen Propeller und, im Gegensatz zu letzteren, pulsiert sie außerdem.

23. Übung.

Es ist für einen Propellerflügel die Längskraft L, die Querkraft Q und das Biegemoment M zu bestimmen, hervorgerufen durch die Massenwirkung beim Schwenken des Propellers wie in der 22. Übung. Der Flügel kann als radialer Stab gegebener Massenverteilung angesehen werden.

Im Gegensatz zur 22. Übung ist der folgende Weg der Lösung anschaulich und elementar gewählt. In Abb. 35 sei $s\,s$ die Schwenkachse. Die Bezeichnungen sind denen in der 22. Übung angeglichen. Ein Flügelteilchen mit der Masse dm hat eine Beschleunigung b, die sich geometrisch zusammensetzt aus der Beschleunigung b_u beim Umlauf ohne Schwenkung, der Beschleunigung b_s beim Schwenken ohne Umlauf und der Coriolisbeschleunigung b_c; b_u, die Zentripetalbeschleunigung des Umlaufes, ist beträchtlich,

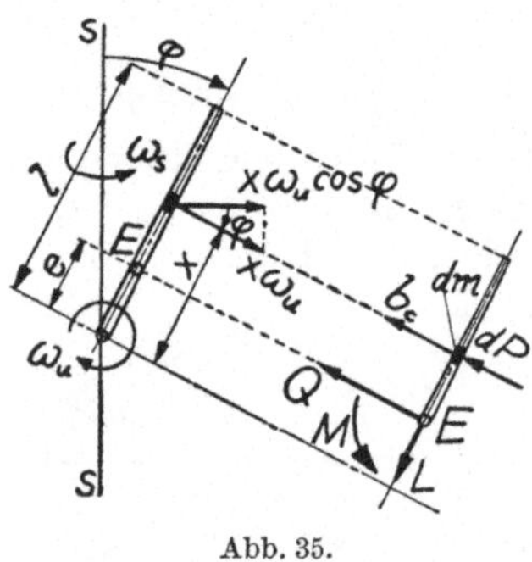

Abb. 35.

interessiert aber hier nicht, da der Einfluß des Schwenkens des umlaufenden Propellers auf die Flügel studiert werden soll. In praktischen Fällen (z. B. Windrad oder Flugzeugpropeller) ist b_s, Zentripetalbeschleunigung des Schwenkens, geringfügig. Den Ausschlag gibt b_c. Die Geschwindigkeit eines Massenteilchens infolge des Umlaufes des Propellers ist $x\,\omega_u$. Ihre Projektion auf die Schwenkebene ist gemäß Abb. 35 gleich $x\,\omega_u \cos \varphi$ und daher ist die Coriolisbeschleunigung $b_c = 2\,\omega_s\,\omega_u \cos \varphi \cdot x$ und steht senkrecht zur Umlaufebene des Teilchens. Wenn der umlaufende Propeller geschwenkt wird, muß auf jedes seiner Massenteilchen zusätzlich eine Kraft $dP = dm\,b_c$ ausgeübt werden, wobei b_s vernachlässigt wird. Für b_c eingesetzt, wird

$$dP = dm\,2\,\omega_s\,\omega_u \cos \varphi \cdot x. \tag{1}$$

Das System der Kräfte dP auf einem Flügelstück, das von einem Punkt E (Entfernung e von Propellermitte) bis zur Flügelspitze (Entfernung l von Propellermitte) reicht, muß äquivalent sein dem System von Längskraft, Querkraft und Biegemoment im Punkt E. Unter Beachtung der Richtung aller dP ergibt sich:

1. $L = 0$,

2. $Q = \displaystyle\int_{x=e}^{x=l} dP$ (Komponentengleichung) und mit Gl. (1)

$$Q = 2\,\omega_s\,\omega_u \cos \varphi \int_{x=e}^{x=l} dm\,x.$$

Es ist $\displaystyle\int_{x=e}^{x=l} dm\,x = S$ das statische Moment des Flügelstückes vom betrachteten Punkt E bis zur Flügelspitze, und zwar bezüglich der Umlaufachse, also wird

$$Q = 2\,\omega_s\,\omega_u\,S\,\cos\varphi.$$

3. $M = \int\limits_{x=e}^{x=l} dP\,(x-e)$ (Momentengleichung für Punkt E) und

mit Gl. (1)

$$M = 2\,\omega_s\,\omega_u\,\cos\varphi \int\limits_{x=e}^{x=l} dm\,x\,(x-e) = 2\,\omega_s\,\omega_u\,\cos\varphi$$

$$\left[\,\int\limits_{x=e}^{x=l} dm\,x^2 - e \int\limits_{x=e}^{x=l} dm\,x\,\right].$$

Es ist $\int\limits_{x=e}^{x=l} dm\,x^2 = J$ das Trägheitsmoment des Flügelstückes vom betrachteten Punkt E bis zur Flügelspitze, und zwar bezüglich der Umlaufachse; führt man dieses ein und wie vorhin $\int\limits_{x=e}^{x=l} dm\,x = S$, so bekommt man

$$M = 2\,\omega_s\,\omega_u\,\cos\varphi\,(J - e\,S).$$

Q steht senkrecht zur Umlaufebene, die Achse von M liegt in der Umlaufebene und ist senkrecht zum Flügel. Im Flügel entstehen Wechselbeanspruchungen.

IV. Elastizität.

24. Übung.

Ein dünner, unbelastet gerader Stab, Material mit dem Elastizitätsmodul E, Biegungsträgheitsmoment J (kann auch variabel sein), soll sich bis zu einem bestimmten Punkt einer gegebenen, stetig gekrümmten Unterlage anschmiegen, und zwar durch auf der freien Seite des Stabes wirkende Kräfte, deren Resultierende R sei. Welchen Bedingungen muß diese genügen?

Die Stablänge s werde in Richtung vom freien auf den angeschmiegten Stabteil zu positiv gezählt. Die Krümmung des Stabes heiße $\varkappa$, jene der Unterlage k. Ein Springen des Biegemomentes M kann nur durch eine exzentrische Einzelkraft mit Komponente parallel zur Stabachse verursacht werden. Da der Stab dünn ist, können Kräfte der genannten Art mit nennenswertem Hebelarm selbst dann nicht auftreten, wenn Reibung zwischen Stab und Unterlage wirkt. Daher ist der Verlauf des Biegemomentes auch an der Anschmiegungsgrenze G stetig, ebenso auch der Verlauf der Stabkrümmung, da ja gilt

$$M = E J \varkappa. \tag{1}$$

(J stetig vorausgesetzt!)

Die Kraft R werde, wie Abb. 36 zeigt, im Punkt T, in welchem ihre Wirkungslinie die Stabtangente τ der Anschmiegungsgrenze G schneidet, in eine Komponente R_t in Richtung τ und eine dazu senkrechte Komponente R_n zerlegt. Das Biegemoment an der Anschmiegungsgrenze ergibt sich zu $M_G = t\,R_n$, wobei t die Entfernung $T\,G$ ist. Mit Gl. (1) wird dann $t\,R_n = E\,(J\varkappa)_G$ und wegen $\varkappa_g = k_g$

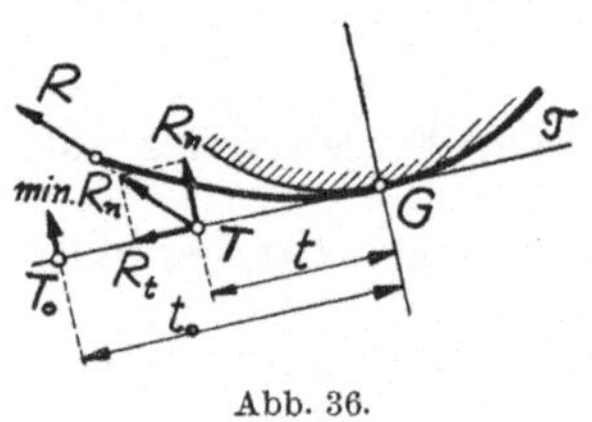

Abb. 36.

$$R_n = E\,\frac{(J\,k)_G}{t}. \tag{2}$$

Auf der einen Seite der Anschmiegungsgrenze ist die Querkraft $Q = R_n$. Auf der anderen Seite der Anschmiegungsgrenze ergibt sich die Querkraft

$$Q = \frac{dM}{ds}$$

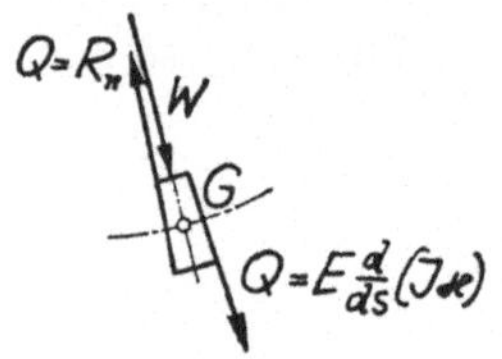

aus Gl. (1) mit $\varkappa = k$ zu

$$Q = \frac{dM}{ds} = E\left[\frac{d\,(J\,k)}{ds}\right]_G.$$

Ein Sprung der Querkraft an der Anschmiegungsgrenze ist verbunden mit einer daselbst auftretenden Einzelkraft W, welche, da sie nur von der Unterlage ausgehen kann, stets nach außen gerichtet sein muß. Aus Abb. 37, welche das Stabelement an der Anschmiegungsgrenze darstellt, ist zu entnehmen

Abb. 37.

$$R_n - W - E\left[\frac{d\,(J\,k)}{ds}\right]_G = 0,$$

woraus

$$W = R_n - E\left[\frac{d\,(J\,k)}{ds}\right]_G.$$

Setzt man Gl. (2) ein, so wird

$$W = E\left(\frac{(J\,k)_G}{t} - \left[\frac{d\,(J\,k)}{ds}\right]_G\right).\tag{3}$$

Da, wie gesagt, $W \geqq 0$, ergibt sich daraus

$$t \leqq \frac{(J\,k)_G}{\left[\dfrac{d\,(J\,k)}{ds}\right]_G}.\tag{4}$$

Die Wirkungslinie von R muß daher die Tangente der Anschmiegungsgrenze in einem Bereich zwischen G und einem Punkt T_0 schneiden, der von G entfernt ist um:

$$t_0 = \frac{(J\,k)_G}{\left[\dfrac{d\,(J\,k)}{ds}\right]_G}.\tag{5}$$

Nimmt man sämtliche Stellen des Stabes als Anschmiegungsgrenzen an, dann ergibt sich eine Kurve für die Punkte T_0. Der Kleinstwert $\min R_n$ der Kraft R_n, bei dem eine Anschmiegung mit der gegebenen Grenze möglich ist, entspricht dem größten Wert von t, also $t = t_0$. Man erhält durch Einsetzen in Gl. (2)

$$\min R_n = E\left[\frac{d\,(J\,k)}{ds}\right]_G.$$

Für die Anschmiegung an eine kreisbogenförmige Unterlage bei $J = $ konst. z. B. besteht keine Einschränkung bezüglich der Lage der Kraft R, denn für $\dfrac{d\,(J\,k)}{ds} = 0$ folgt $t_0 = \infty$.

25. Übung.

Für den angeschmiegten Teil des Stabes in der 24. Übung ist der Verlauf von Längskraft L, Querkraft Q und Pressung p (als Kraft je Längeneinheit) zu suchen. Die Reibungszahl zwischen Unterlage und dem dieser gegenüber gleitenden (oder an der Gleitgrenze befindlichen) Stab sei f.

Abb. 38 zeigt ein Längenelement des Stabes und die darauf einwirkenden Kräfte. Die Reibungskraft $f\,p\,ds$ entspricht einem Gleiten des Stabes gegenüber der Unterlage im Sinne der Zählung von s, im anderen Fall erhalten alle Glieder mit f das entgegengesetzte Vorzeichen. L ist für Zug positiv angenommen. $d\varphi$ bedeutet den Winkel zwischen benachbarten Stabquerschnitten. Durch die Krümmung k ausgedrückt, wird

$$d\varphi = k\, ds. \tag{1}$$

Das Gleichgewicht des Stabelementes erfordert für die

a) Kraftkomponenten in Längsrichtung:

$$L + dL - L + (Q + dQ)\, d\varphi - f\, p\, ds = 0$$

oder

$$dL + Q\, d\varphi - f\, p\, ds = 0.$$

Mit Gl. (1) wird

$$\frac{dL}{ds} + Q\, k - f\, p = 0. \tag{2}$$

b) Kraftkomponenten in Querrichtung:

$$(L + dL)\, d\varphi + Q - (Q + dQ) - {}$$
$$- p\, ds = 0$$

oder

$$L\, d\varphi - dQ - p\, ds = 0.$$

Mit Gl. (1) wird

$$L\, k - \frac{dQ}{ds} - p = 0. \tag{3}$$

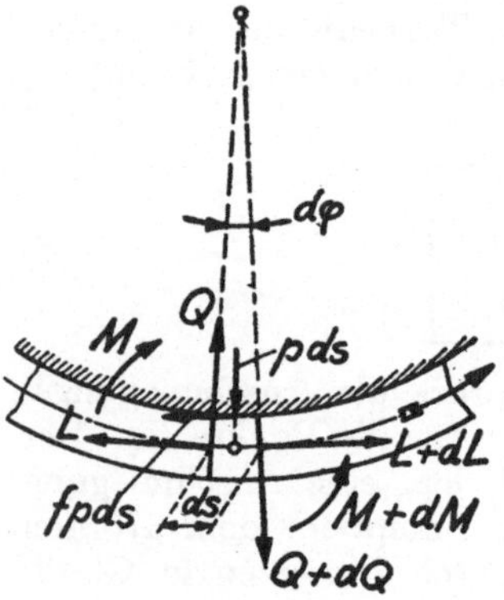

Abb. 38.

c) Momente um den Mittelpunkt des Elementes (Hebelarm der Reibungskraft $f\, p\, ds$ vernachlässigt, da Stab dünn):

$$(Q + dQ)\, \frac{ds}{2} + Q\, \frac{ds}{2} + M - (M + dM) = 0$$

oder

$$Q\, ds - dM = 0.$$

Um auch hier die Krümmung einzuführen, benutzt man die Fundamentalgleichung der Biegelehre: $M = E\, J\, k$ oder differenziert $dM = E\, d\,(J\, k)$, womit sich ergibt

$$\boxed{\; Q = E\, \frac{d\,(J\, k)}{ds}. \;} \tag{4}$$

Q aus Gl. (4) wird in Gl. (2) eingesetzt:

$$\frac{dL}{ds} + E\, k\, \frac{d\,(J\, k)}{ds} - f\, p = 0. \tag{2a}$$

Durch Differenzieren folgt aus Gl. (4) $\dfrac{dQ}{ds} = E\,\dfrac{d^2(J\,k)}{ds^2}$, was in Gl. (3) eingesetzt wird:

$$L\,k - E\,\frac{d^2(J\,k)}{ds^2} - p = 0. \tag{3a}$$

Aus den Gl. (2a) und (3a) wird p eliminiert:

$$\frac{dL}{ds} - L\,f\,k = -E\left[k\,\frac{d(J\,k)}{ds} + f\,\frac{d^2(J\,k)}{ds^2}\right]. \tag{5}$$

Löst man Gl. (3a) nach L auf, differenziert nach s und setzt das gewonnene $\dfrac{dL}{ds}$ in Gl. (2a) ein, so wird

$$\begin{aligned}
\frac{dp}{ds} - p\left(\frac{1}{k}\,\frac{dk}{ds} + f\,k\right) = {} \\
-E\left[k^2\,\frac{d(J\,k)}{ds} + \frac{d^3(J\,k)}{ds^3} - \frac{1}{k}\,\frac{dk}{ds}\,\frac{d^2(J\,k)}{ds^2}\right].
\end{aligned} \tag{6}$$

Die Kraft R_t aus der 24. Übung ist bei gleitendem Stab nicht einfach der Randwert von L für die Integration der Gl. (5). Nach der 24. Übung tritt ja an der Anschmiegungsgrenze im allgemeinen eine Kraft W von der Unterlage her auf den Stab auf [entsprechend Gl. (3) der 24. Übung]. Dadurch entsteht eine Reibungskraft $f\,W$ und es leuchtet ein, daß der Randwert von L gleich $R_t + f\,W$ ist. Aus diesem Randwert von L ist jener von p aus der Gl. (3) zu bestimmen, wobei k und $\dfrac{dQ}{ds} = E\,\dfrac{d^2(J\,k)}{ds}$ für die Anschmiegungsgrenze zu nehmen sind. (Mittels der gewonnenen Ergebnisse läßt sich leicht nachweisen, daß ein Bremsband auf einer kreiszylindrischen Trommel sich bezüglich L, Q [Q wird überall gleich null] und p wie ein Band ohne Biegungssteifigkeit verhält; lediglich der Sprung von L an den Anschmiegungsgrenzen, herrührend von der Reibung $f\,W$ infolge Auftretens von W beim steifen Band, bildet einen Unterschied. Bei flach gekrümmter Unterlage und wenn die Längskräfte unbedeutend sind, ergibt Gl. (3) die annähernde Beziehung $p = -E\,\dfrac{d^2(J\,k)}{ds^2}$. Bemerkenswert ist noch, daß für $f = 0$ und $J = $ konst. aus Gl. (5) $L + E\,J\,\dfrac{k^2}{2} = $ konst. und aus Gl. (6) $p = C\,k - E\,J\left(\dfrac{k^3}{2} + \dfrac{d^2k}{ds^2}\right)$ folgt.)

26. Übung.

Welche Pressungen und Kräfte bestehen zwischen den Blättern eines durch die Einzelkraft P belasteten Blattfederwerkes, wenn es nirgends klafft, und welche Bedingungen müssen hierfür erfüllt sein?

Abb. 39 zeigt das aus z im unbelasteten Zustand geraden Blättern bestehende Blattfederwerk. J bedeute das Trägheitsmoment, k die Krümmung, M das Biegemoment, E den Elastizitätsmodul. Die Entfernung eines beliebigen Federquerschnittes von P heiße s.

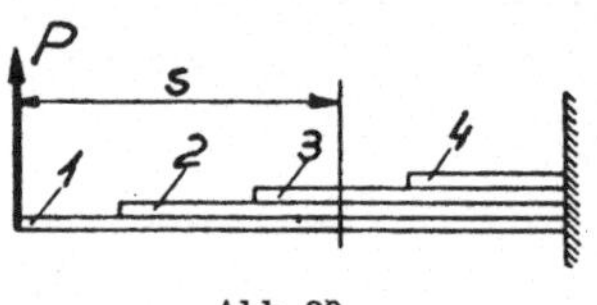

Abb. 39.

Das Biegemoment für einen Querschnitt der Feder ist Ps und gleichzeitig die Summe der Biegemomente der Einzelblätter:

$$P s = \sum_{n=1}^{n=z} M_n. \tag{1}$$

Für ein Blatt lautet die Grundgleichung der Biegelehre

$$M_n = E J_n k_n. \tag{2}$$

Wenn die Blätter nicht klaffen, ist für alle Blätter eines Federquerschnittes die Krümmung die gleiche, da praktisch die Dicke des Blattbündels gegenüber seinen Krümmungsradien zu vernachlässigen ist. Es ist dann in Gl. (2) an Stelle von k_n die einheitliche Krümmung k der Feder zu setzen:

$$M_n = E k J_n. \tag{2a}$$

Man erhält durch Einsetzen von Gl. (2a) in Gl. (1):

$$P \cdot s = E k \sum_{n=1}^{n=z} J_n. \tag{3}$$

Das Biegemoment eines Blattes kann unmöglich springen; wenn daher das Trägheitsmoment, zumindest eines Blattes, in einem Federquerschnitt nicht springt, kann nach Gl. (2a) die Krümmung der Feder nicht springen und zufolge Gl. (3) muß daher $\sum_{n=1}^{n=z} J_n$ stetig verlaufen. *Soll daher das Blattfederwerk nicht klaffen, muß der Verlauf der Summe der Trägheitsmomente der Blätter stetig sein.* Bei unstetigem Verlauf dagegen müssen die Blätter klaffen, also auch bei dem sehr gebräuchlichen Federwerk, dessen

Blätter überall gleich stark sind und nicht spitz, sondern trapezförmig enden.

Zwischen den einzelnen Blättern bestehen im allgemeinen Fall Pressungen. Am Ende jedes Blattes entsteht zwischen ihm und seinem Nachbarn eine endliche Einzeldruckkraft (siehe die 24. Übung).

Zu der schon aufgestellten grundsätzlichen Bedingung für das Nichtklaffen treten noch besondere, darin bestehend, daß sich, gerechnet unter Annahme einheitlicher Krümmung aller Blätter eines Federquerschnittes, also des Nichtklaffens, die Pressungen und Einzeldruckkräfte zwischen den Blättern nicht negativ ergeben. Für die vorliegenden Verhältnisse paßt die in der 25. Übung für die Pressung p gefundene Beziehung

$$p = - E \frac{d^2(J\,k)}{ds^2}. \tag{4}$$

Diese Pressung, p_n für das Blatt n genannt, ist hier, von den Endblättern abgesehen, die Differenz der Pressungen, die das Blatt von seinen beiden Nachbarn erfährt.

Die Betrachtung der einzelnen Blätter an Hand von Abb. 40 ergibt (wobei z. B. p_{34} die Pressung zwischen den Blättern 3 und 4 bedeutet):

Blatt 1 $\quad p_1 = p_{12}$,

Blatt 2 $\quad p_2 = p_{23} - p_{12}$,

Blatt 3 $\quad p_3 = p_{34} - p_{23}$,

Blatt n $\quad p_n = p_{n\ n+1} - p_{n-1\ n}$,

$\qquad$ — — — — — — — — — —

Blatt z $\quad p_z = - p_{z-1\ z}$.

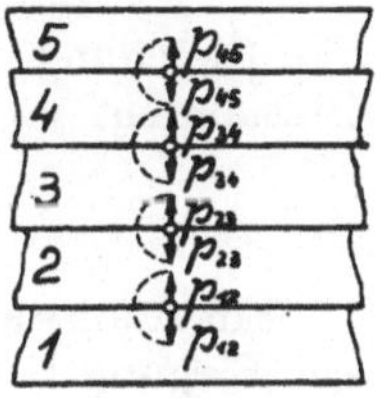

Die Addition der Gleichungen 1 bis $n-1$ ergibt

Abb. 40.

$$p_{n-1,\ n} = p_1 + p_2 + p_3 + \cdots p_{n-1}. \tag{5}$$

(Die Addition sämtlicher Gleichungen ergibt $p_1 + p_2 + \cdots p_z = 0$.)
Für das Blatt n lautet bei einheitlicher Krümmung k die Gl. (4)

$$p_n = - E \frac{d^2(J_n\,k)}{ds^2}.$$

Hierin werde k aus Gl. (3) eingesetzt, wobei $\displaystyle\sum_{n=1}^{n=z} J_n$ einfacher $\sum J$ geschrieben ist:

$$p_n = - P \frac{d^2}{ds^2}\left(s\,\frac{J_n}{\Sigma J}\right).$$

Die Ausführung der Differentiation liefert

$$p_n = - P\left[2\frac{d}{ds}\left(\frac{J_n}{\varSigma J}\right) + s\,\frac{d^2}{ds^2}\left(\frac{J_n}{\varSigma J}\right)\right]. \tag{6}$$

Gl. (6) wird in Gl. (5) berücksichtigt:

$$p_{n-1.\,n} = - P\left[2\frac{d}{ds}\left(\frac{J_1 + \ldots J_{n-1}}{\varSigma J}\right) + \right.$$
$$\left. + s\,\frac{d^2}{ds^2}\left(\frac{J_1 + \ldots J_{n-1}}{\varSigma J}\right)\right].$$

Diese Gleichung erlaubt, überall die zwischen den Federblättern herrschende Pressung festzustellen und deren Vorzeichen zu prüfen.

Die am Ende, Kennzeichnung durch Index e, jedes Feder-blattes auftretende Einzeldruckkraft zwischen ihm und seinem Nachbar heiße W. Es gilt für das Blattende $dM_e = W_n\,ds$ oder $W_n = \left(\dfrac{dM_n}{ds}\right)_e$. Durch Einführen von Gl. (2a) und Einsetzen von k aus Gl. (3) ergibt sich

$$W_n = P\left[S_e\frac{d}{ds}\left(\frac{J_n}{\varSigma J}\right)_e + \left(\frac{J_n}{\varSigma J}\right)_e\right],$$

die Gleichung zur Bestimmung der Einzeldruckkräfte an den Blattenden.

27. Übung.

Ein dünnwandiges, geschlitztes Rohr wird durch Belastungen auf Biegung beansprucht, welche in einer zur Schlitzebene senk-rechten Ebene liegen. Welchen Abstand muß die Belastungs-ebene von der Rohrachse haben, wenn das Rohr nicht tordiert werden soll?

Die Kräfte, die den Biegeschubspannungen des Rohrquer-schnittes entsprechen, haben die Querkraft des Trägers an der betrachteten Stelle zur Resultierenden. Durch Auffinden der letzteren erhält man die gesuchte Belastungsebene, denn die Querkraft liegt ja in dieser. Entfernungen längs der Rohrachse sollen mit x bezeichnet werden. Durch zwei ebene Schnitte an den Stellen x und $x + dx$ wird ein Trägerstück herausgegriffen, an dessen Enden die Biegemomente M_x und M_{x+dx} herrschen. Bekanntlich ist

$$M_{x+dx} - M_x = dM_x = - Q\,dx, \tag{1}$$

wenn Q die Querkraft bedeutet. Nun werden noch zwei ebene Schnitte in radialer Richtung durch die Rohrachse geführt, unter den Winkeln φ und $\varphi + d\varphi$ gegen die Schlitzebene (Abb. 41). Dadurch entsteht ein quaderförmiges Element, an dessen Enden die Biegenormalspannungen

$$\sigma_{x+dx} = -\frac{M_{x+dx}}{J}\, r \sin\varphi$$

und

$$\sigma_x = -\frac{M_x}{J}\, r \sin\varphi$$

herrschen, worin J das Biegeträgheitsmoment des Rohrquerschnittes ist. In den Radialebenen wirken die Schubspannungen τ_φ und $\tau_{\varphi+d\varphi}$. Das Gleichgewicht des Elementes parallel zur Rohrachse fordert:

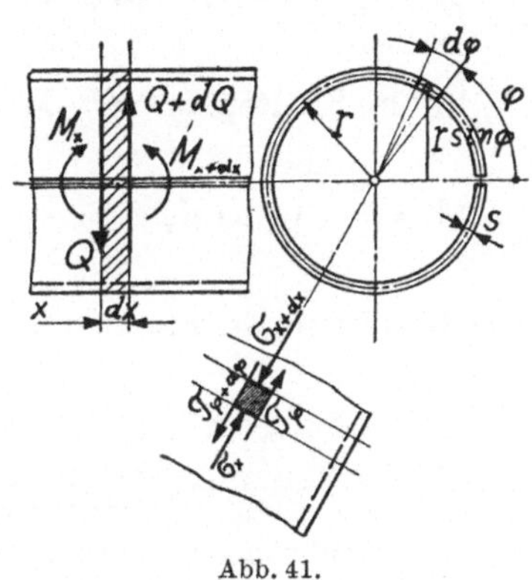

Abb. 41.

$$(\sigma_x - \sigma_{x+dx})\, r\, d\varphi\, s + (\tau_\varphi - \tau_{\varphi+d\varphi})\, s\, dx = 0.$$

Es ist $\tau_{\varphi+d\varphi} - \tau_\varphi = d\tau$, außerdem werden für σ_x und σ_{x+dx} die gefundenen Werte eingesetzt; dadurch wird:

$$\frac{d\tau}{d\varphi} = -\frac{dM_x}{dx}\,\frac{r^2 \sin\varphi}{J}.$$

Es ist $J = r^3 \pi\, s$ einzusetzen und Gl. (1) zu berücksichtigen:

$$\frac{d\tau}{d\varphi} = \frac{Q}{r\pi s}\sin\varphi \quad \text{oder} \quad \tau = -\frac{Q}{r\pi s}\cos\varphi + C.$$

Die Integrationskonstante C wird dadurch bestimmt, daß für $\varphi = 0$ wegen des Schlitzes $\tau = 0$ sein muß. Diese Überlegung ergibt $C = \dfrac{Q}{r\pi s}$ und damit

$$\boxed{\tau = \frac{Q}{r\pi s}\, (1 - \cos\varphi).} \qquad (2)$$

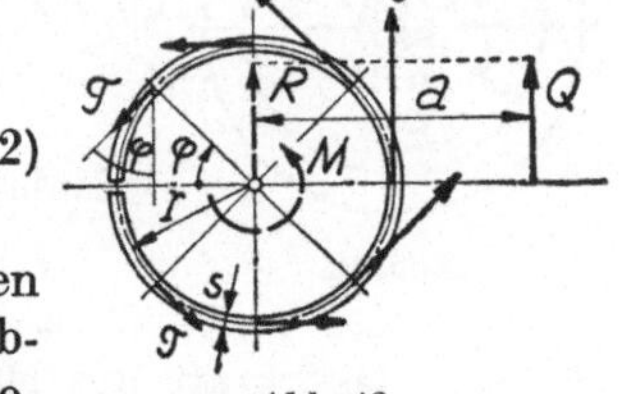

Abb. 42.

Gleich groß sind (Satz vom paarweisen Auftreten der Schubspannungen) die Schubspannungen in der Querschnittsebene, deren Verteilung somit das Bild der Abb. 42 ergibt. Die Reduktion des diesen Schubspannungen entsprechenden Kraftsystems gibt für den Querschnittsmittelpunkt:

a) eine Einzelkraft

$$R = \int_0^{2\pi} -\,\tau\,s\,r\,d\varphi\,\cos\varphi = \frac{-Q}{\pi}\int_0^{2\pi}(1-\cos\varphi)\cos\varphi\,d\varphi = Q.$$

b) ein Kräftepaar vom Moment

$$M = -\int_0^{2\pi}\tau\,s\,r\,d\varphi\,r = \frac{-Q\,r}{\pi}\int_0^{2\pi}(1-\cos\varphi)\,d\varphi = -2\,Q\,r.$$

Die Resultierende von R und M selbst wieder ist die Kraft Q im Abstand

$$\boxed{a = \frac{M}{r} = -2\,r}$$

von der Rohrachse. *Dort liegt also (Abb. 42) die Querkraft und damit die Belastungsebene.*

Bemerkenswert ist, daß nach Gl. (2) die größte Schubspannung für $\varphi = \pi$ auftritt mit $\tau_{\max} = 2\,\dfrac{Q}{r\,\pi\,s} = 4\,\dfrac{Q}{2\,r\,\pi\,s}$, also dem vierfachen Betrag der der gleichmäßigen Verteilung der Schubkraft über den Querschnitt entsprechenden Schubspannung.

28. Übung.

Wie groß ist die Verdrehsteifigkeit γ für die Verdrehung zwischen Nabe und dem (praktisch unnachgiebig angenommenen) Kranz eines Schwungrades, welches z Arme von konstantem Biegungsträgheitsmoment J hat?

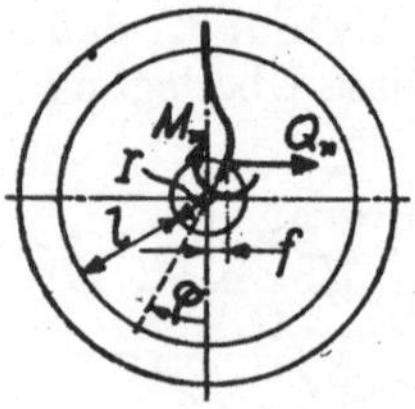

γ ist das Verdrehmoment $\mathfrak{M}$ an der Nabe, geteilt durch den zugehörigen Verdrehwinkel φ zwischen Nabe und Kranz, also

$$\gamma = \frac{\mathfrak{M}}{\varphi}. \tag{1}$$

Abb. 43.

Es bezeichne (siehe Abb. 43)

     r Naben-Außenradius,
     l Armlänge,
Q_n Querkraft am Nabenende des Armes,
M_n Biegemoment am Nabenende des Armes,
 f Durchbiegung des Armes am Nabenende,
E Elastizitätsmodul.

Aus dem Gleichgewicht der Nabe folgt

$$\mathfrak{M} = z\,(r\,Q_n + M_n). \tag{2}$$

Der Arm ist einfach statisch unbestimmt. Der Abb. 43 ist die geometrische Beziehung zu entnehmen:

$$f = r\,\varphi. \tag{3}$$

Nach der Lehre von der Biegung ist

$$f = \frac{1}{E\,J}\left(\frac{Q_n\,l^3}{3} - \frac{M_n\,l^2}{2}\right), \tag{4}$$

$$\varphi = \frac{1}{E\,J}\left(M_n\,l - \frac{Q_n\,l^2}{2}\right). \tag{5}$$

f aus Gl. (3) wird in Gl. (4) eingesetzt:

$$r\,\varphi = \frac{1}{E\,J}\left(\frac{Q_n\,l^3}{3} - \frac{M_n\,l^2}{2}\right). \tag{6}$$

Die Division von Gl. (6) durch Gl. (5) liefert

$$Q_n\,l\,(2\,l + 3\,r) = 3\,M_n\,(2\,r + l).$$

Dies ergibt in Verbindung mit Gl. (2)

$$\left.\begin{aligned}
M_n &= \frac{\mathfrak{M}\,l\,(2\,l + 3\,r)}{2\,z\,(3\,r^2 + 3\,l\,r + l^2)}, \\[2mm]
Q_n &= \frac{3\,\mathfrak{M}\,(2\,r + l)}{2\,z\,(3\,r^2 + 3\,l\,r + l^2)}.
\end{aligned}\right\} \tag{7}$$

Setzt man die Gl. (7) in Gl. (5) ein, so wird

$$\varphi = \mathfrak{M}\,\frac{l^3}{4\,E\,J\,z\,(3\,r^2 + 3\,l\,r + l^2)}.$$

Daraus ergibt sich im Sinne der Gl. (1)

$$\boxed{\;\gamma = \frac{4\,E\,J\,z\,(3\,r^2 + 3\,l\,r + l^2)}{l^3}.\;}$$

29. Übung.

Von fünf Stäben (Abb. 44) sind die Stäbe *3* und *5* sowie *4* und *5* durch steife Ecken miteinander verbunden, während die Stäbe *1* und *2* durch Gelenke angeschlossen sind.

Die Stäbe *3* und *4* haben untereinander gleiches Trägheitsmoment J_{34}.

Das Trägheitsmoment von Stab *5* sei J_5. Der Elastizitätsmodul sei einheitlich E. Im Gegensatz zu Stab *2* ist Stab *1* unter

Zwängung eingesetzt worden, da er um das Stück f zu kurz ist. Welche Biegemomente entstehen dadurch in den Stäben? (Von der Nachgiebigkeit der Stäbe in Längsrichtung kann abgesehen werden.)

Da die Stäbe _1_ und _2_ an den Enden gelenkig sind und dazwischen keine Querbelastung angreift, entstehen in ihnen keine Biegemomente. Die Wirkung von Stab _1_ auf die übrigen Stäbe besteht in zwei gleichen und entgegengesetzten, in die Richtung von Stab _1_ fallenden Kräften P, die in den Gelenken (_31_) und (_145_)

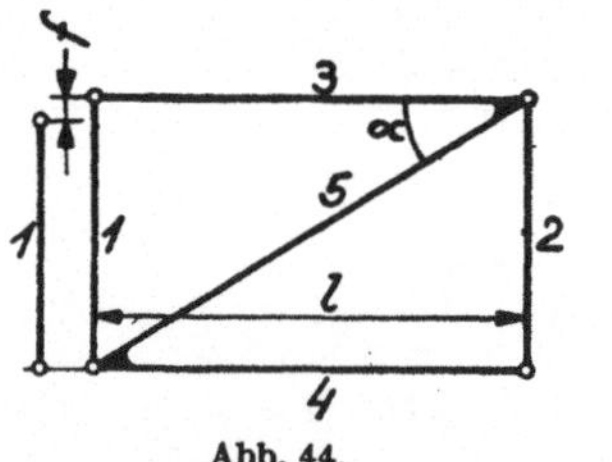

Abb. 44.

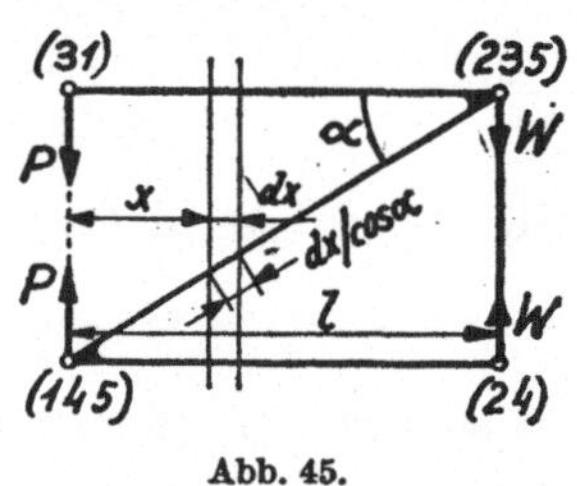

Abb. 45.

angreifen (Abb. 45). Das so belastete Gebilde ist also äußerlich statisch bestimmt. Es wäre innerlich statisch bestimmt bei Fortfall von Stab 2. In diesem wirkt nur eine Längskraft (Zug oder Druck) W. Das Stabwerk ist daher innerlich einfach statisch unbestimmt und W sei als die statisch unbestimmte Größe gewählt. Ist A die Formänderungsarbeit des Gebildes aus den Stäben _2_ bis _5_, unter Belastung durch die beiden Kräfte P, dann stellt sich nach Castigliano W so ein, daß A ein Minimum wird. Die mathematische Bedingung dafür ist

$$\frac{\partial A}{\partial W} = 0. \tag{1}$$

Wenn nur die Biegespannungen wesentlich zu A beitragen, was angenommen werden konnte, verursacht ein Stabstück dl vom Trägheitsmoment J, wenn daselbst das Biegemoment M_b herrscht, die Formänderungsarbeit

$$dA = \frac{1}{2}\frac{M_b^2}{EJ}\,dl. \tag{2}$$

Für die einzelnen Stäbe ergibt sich mit Bezeichnungen nach Abb. 45

$$\left.\begin{aligned}
M_{b3} &= P\,x,\\
M_{b4} &= W\,(l-x),\\
M_{b5} &= W\,(l-x) - P\,x,\\
M_{b2} &= 0.
\end{aligned}\right\} \tag{3}$$

An Stelle A aus vier bestimmten Teilintegralen von Gl. (2) zu bilden und diese Summe gemäß Gl. (1) nach W partiell zu differenzieren, ist es erlaubt, unter dem $\int$-Zeichen partiell zu differenzieren, d. h. $\dfrac{\partial A}{\partial W}$ aus bestimmten Teilintegralen

$$\frac{1}{E\,J} \int M_b\, \frac{\partial M_b}{\partial W}\, dl$$

zusammenzusetzen.

Die Gl. (3) liefern

$$\left.\begin{aligned}
\frac{\partial M_{b3}}{\partial W} &= 0,\\[2mm]
\frac{\partial M_{b4}}{\partial W} &= l - x,\\[2mm]
\frac{\partial M_{b5}}{\partial W} &= l - x,\\[2mm]
\frac{\partial M_{b2}}{\partial W} &= 0.
\end{aligned}\right\} \tag{4}$$

Für die Stäbe 3 und 4 ist $dl = dx$, für Stab 5 laut Abb. 45 $dl = \dfrac{dx}{\cos \alpha}$.

Mit alldem wird

$$\frac{\partial A}{\partial W} = \frac{1}{E\,J_{34}} \int\limits_0^l W\,(l-x)\,(l-x)\,dx + \frac{1}{E\,J_5} \int\limits_0^l [W\,(l-x) - P\,x]\,(l-x)\,\frac{dx}{\cos \alpha} = 0,$$

woraus sich nach Ausführung ergibt

$$W = \frac{P}{2\left(1 + \dfrac{J_5}{J_{34}} \cos \alpha\right)}. \tag{5}$$

Durch Einsetzen dieses Ergebnisses in die Gl. (3) wird

$$\left.\begin{aligned}
M_{b3} &= P\,x,\\[3mm]
M_{b4} &= \frac{P\,(l-x)}{2\left(1 + \dfrac{J_5}{J_{34}} \cos \alpha\right)},\\[4mm]
M_{b5} &= \frac{P\left(l - \left[3 + 2\,\dfrac{J_5}{J_{34}} \cos \alpha\right] x\right)}{2\left(1 + \dfrac{J_5}{J_{34}} \cos \alpha\right)}.
\end{aligned}\right\} \tag{6}$$

Diese Gleichungen würden bereits die gestellte Frage beantworten, wenn der Zusammenhang zwischen P und f bekannt wäre. Diese Beziehung ergibt sich aus der Anwendung des Satzes von Castigliano, nach welchem $f = \dfrac{\partial A}{\partial P}$ ist. So wie früher, kann die Differentiation nach P innerhalb des Integrals, als welches sich A darstellt, erfolgen. Damit ergibt sich f als Summe dreier Teilintegrale

$$f = \frac{1}{E\,J_{34}} \int\limits_0^l M_{b3}\,\frac{\partial M_{b3}}{\partial P}\,dx + \frac{1}{E\,J_{34}} \int\limits_0^l M_{b4}\,\frac{\partial M_{b4}}{\partial P}\,dx +$$

$$+ \frac{1}{E\,J_5} \int\limits_0^l M_{b5}\,\frac{\partial M_{b5}}{\partial P}\,\frac{dx}{\cos\alpha}.$$

Zur Ausrechnung derselben liefern die Gl. (6):

$$\left.\begin{aligned}
\frac{\partial M_{b3}}{\partial P} &= x. \\[2ex]
\frac{\partial M_{b4}}{\partial P} &= \frac{l - x}{2\left(1 + \dfrac{J_5}{J_{34}}\cos\alpha\right)}. \\[3ex]
\frac{\partial M_{b5}}{\partial P} &= \frac{l - \left(3 + 2\,\dfrac{J_5}{J_{24}}\cos\alpha\right)x}{2\left(1 + \dfrac{J_5}{J_{34}}\cos\alpha\right)}.
\end{aligned}\right\} \tag{7}$$

Es ergibt sich schließlich, wenn zur Abkürzung $\dfrac{J_5}{J_{34}} = \xi$ eingeführt wird,

$$\boxed{\, P = f \cdot \frac{12\,E\,J_{34}\,\xi\cos\alpha\,(1 + \xi\cos\alpha)^2}{l^3\,(3 + 11\,\xi\cos\alpha + 12\,\xi^2\cos^2\alpha + 4\,\xi^3\cos^3\alpha)}. \,}$$

30. Übung.

Durch Versuch oder Rechnung sei der Verlauf der Durchbiegungen der in Abb. 46 gezeigten ebenen Platte bei Belastung durch die zentrale Kraft P bekannt. Es ist die größte Durchbiegung der Platte zu bestimmen, die sie durch einen gleichmäßigen Druck p erfährt.

Die gestellte Aufgabe wird mittels des Maxwellschen Satzes von der Gegenseitigkeit der Verschiebungen gelöst. Nimmt P den Wert 1 an, dann sind die Durchbiegungen $\zeta_{P=1} = \dfrac{\zeta}{P}$. Belastet man die Platte an einer Stelle mit der Einheit der Kraft, dann wird dadurch nach MAXWELL an der Angriffsstelle von P, also in Plattenmitte, eine Durchbiegung von der Größe $f_1 = \zeta_{P=1} = \dfrac{\zeta}{P}$ erzeugt. Ein Flächenelement dF der Platte erfährt durch den Druck p die Belastung $p\,dF$ und nach Obigem entsteht dadurch in Plattenmitte die Durchbiegung $df = f_1\,p\,dF = \dfrac{\zeta}{P}\,p\,dF$. Durch die Wirkung des Druckes auf die ganze Platte wird die Durchbiegung in Plattenmitte $f = \int df$, also

$$\boxed{f = \frac{p}{P}\int \zeta\,dF.}$$

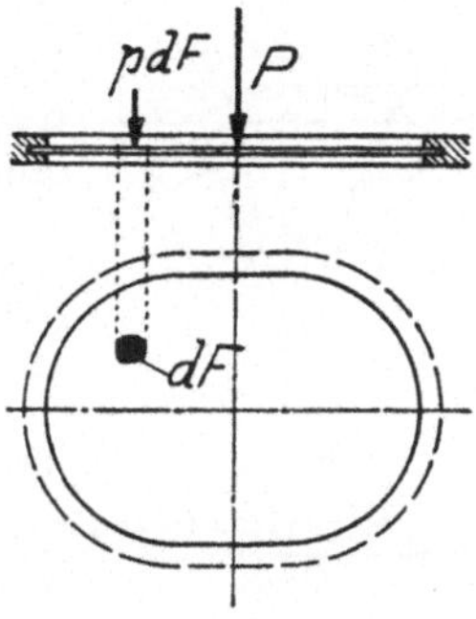

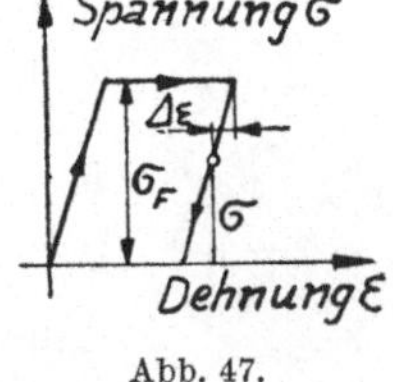
Abb. 46.

(Das Integral ist ein bestimmtes.) Da die Durchbiegung in Plattenmitte am größten sein wird, ist f die gesuchte Größe.

31. Übung.

Um wieviel muß der Dorn, auf den eine Schraubenfeder bei der Herstellung aufgewickelt wird, kleiner sein als der Innendurchmesser der fertigen Schraubenfeder, wenn diese den mittleren Windungsdurchmesser D_f aufweisen soll und der Federdraht den Durchmesser d hat?

Beim Wickeln wird das Federmaterial zum Teil plastisch. Mit Berechtigung kann angenommen werden, alle Abschnitte des Federdrahtes verhalten sich gleich. Dann treten auch im plastischen Zustand keine Schubspannungen in den Querschnitten und senkrecht dazu auf, und diese bleiben genau eben. Für den Übergang vom elastischen Zustand in den plastischen, für diesen selbst und für den umgekehrten Übergang macht man folgende, etwas vereinfachte Annahmen, wobei einachsiger Spannungszustand vorausgesetzt ist: Dehnt oder staucht man das Material und übersteigt der Betrag der Zug- bzw. Druckspannung den Betrag der Fließgrenze σ_F, dann wird es plastisch; dehnt bzw. staucht man es weiter, dann bleibt der Betrag der Zug- bzw. Druckspannung gleich dem der Fließgrenze. Bei jeder Verminderung der Dehnung bzw. Stauchung wird das Material

Abb. 47.

sogleich wieder elastisch und die Zugspannung bzw. Druckspannung vermindert sich proportional der Abnahme der Dehnung
bzw. Stauchung.

In Abb. 47 ist dies bildlich dargestellt. Ist ε die Dehnung,
$\Delta\varepsilon$ deren Verminderung (bei nachlassender
Stauchung ist $\Delta\varepsilon < 0$), E der Elastizitätsmodul,
dann gilt also für den elastischen Zustand nach
einem plastischen

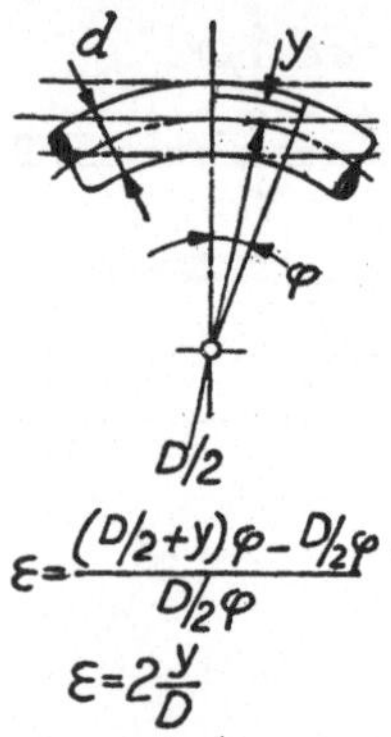

$$\sigma = \pm\,\sigma_F - \Delta\varepsilon\cdot E. \tag{1}$$

(Oberes Vorzeichen nach plastischem Zugzu-
stand, unteres nach plastischem Druckzustand.)

Da dem beim Wickeln des Drahtes angewen-
deten Zug nur mäßige Zugspannungen entsprechen, bleibt auch während des Wickelns
die Schicht des Federdrahtes (neutrale Schicht)
mit einem Durchmesser D gleich dem der Draht-
achse fast ungedehnt (Abb. 48). Gegenüber dem
geraden Zustand des Drahtes vor dem Wickeln
ist daher die Dehnung im Abstand y von der
neutralen Schicht bei eben bleibenden Querschnitten

Abb. 48.

$$\varepsilon = \frac{y}{D/2} = 2\,\frac{y}{D}. \tag{2}$$

Wenn der Draht auf dem Dorn aufgewickelt ist (Abb. 49), wird
$D = D_W$. Dabei bleibt das Material in einem Bereiche elastisch,
an dessen Grenzen $\varepsilon = \dfrac{\pm\,\sigma_F}{E}$ ist. Diese sind daher, Anwendung

von Gl. (2) mit $D = D_W$ und $\varepsilon = \dfrac{\pm\,\sigma_F}{E}$, durch

$$y_E = \pm\,\frac{D_W}{2}\,\frac{\sigma_F}{E}$$ festgelegt. Bei normalem Federstahl
ist etwa $\sigma_F = 10\,000\ \mathrm{kg/cm^2}$, $E = 2\,000\,000\ \mathrm{kg/cm^2}$,
daher $y_E = \pm\,\dfrac{D_w}{400}$, d. h. der elastisch bleibende

Abb. 49. Teil des Drahtes ist auch bei verhältnismäßig dünn-
drahtigen Federn vernachlässigbar klein gegenüber
dem plastisch verformten Teil. Diese Vernachlässigung ist erst
recht begründet bei der folgenden Biegemomentbetrachtung.
Nach dem Wickeln muß ja das Biegemoment im Federdraht null
sein, d. h. wenn df ein Element des Drahtquerschnittes f ist:

$$\int_{y=-d/2}^{y=d/2} \sigma\,df\,y = 0. \tag{3}$$

σ ist, da annähernd alles Material plastisch war, nach Gl. (1) einzusetzen. Auf dem Dorn hatte der Federdraht nach Gl. (2) die Dehnungen $\varepsilon = 2\,\dfrac{y}{D_W}$, nach dem Wickeln sind diese, infolge Vergrößerung von D_W auf D_f, auf $\varepsilon = 2\,\dfrac{y}{D_f}$ zurückgegangen, also ist

$$\Delta \varepsilon = 2\,y\left(\frac{1}{D_w} - \frac{1}{D_f}\right) = 2\,y\,\frac{D_f - D_W}{D_W\,D_f}.$$

$D_f - D_W = \Delta D$ ist der gesuchte Durchmesserunterschied; da er klein ist, kann man statt $D_W\,D_f$ näherungsweise $D_f{}^2$ setzen, so daß $\Delta\varepsilon = 2\,\dfrac{\Delta D}{D_f{}^2}\,y$ wird und damit Gl. (1) lautet:

$$\sigma = \pm\,\sigma_F - 2\,\frac{\Delta D}{D_f{}^2}\,E\,y.$$

Das wird in Gl. (3) eingesetzt, wobei $+\,\sigma_F$ für $y = 0 \ldots d/2$ und $-\sigma_F$ für $y = -d/2 \ldots 0$ gilt.

    Man erhält

$$-\sigma_F \int\limits_{y=-d/2}^{y=0} y\,df + \sigma_F \int\limits_{y=0}^{y=d/2} y\,df - 2\,\frac{\Delta D}{D_f{}^2}\,E \int\limits_{y=-d/2}^{y=d/2} y^2\,df = 0$$

oder

$$\sigma_F\left[\int\limits_{y=0}^{y=d/2} y\,df - \int\limits_{y=-d/2}^{y=0} y\,df\right] - 2\,\frac{\Delta D}{D_f{}^2}\,E \int\limits_{y=-d/2}^{y=-d/2} y^2\,df = 0.$$

Der Ausdruck in $[\ldots]$ ist das doppelte statische Moment einer Halbkreisfläche vom Durchmesser d, bezogen auf diesen, und beträgt $d^3/6$. Das letzte Integral ist das Trägheitsmoment einer Kreisfläche vom Durchmesser d, bezogen auf einen solchen, und beträgt $\pi\,\dfrac{d^4}{64}$. Es ergibt sich durch Einsetzen dieser Werte

$$\sigma_F\,\frac{d^3}{6} - 2\,\frac{\Delta D}{D_f{}^2}\,E\,\pi\,\frac{d^4}{64} = 0$$

und daraus

$$\boxed{\;\Delta D = \frac{16}{3\,\pi}\,\frac{D_f{}^2}{d}\cdot\frac{\sigma_F}{E}.\;}$$

V. Elastische Schwingungen und Wellen.
32. Übung.

Ein Fliehgewicht von der Masse m ist (Abb. 50) radial zu einer mit der gleichförmigen Winkelgeschwindigkeit ω umlaufenden waagrechten Welle beweglich und steht unter der Wirkung einer Feder mit der Steifigkeit c. Welche Bewegungen macht das Fliehgewicht in seiner Führung?

Es sei r die Entfernung der Masse von der Drehachse. Bei entspannter Feder habe r den Wert a (Schwingungsmittellage

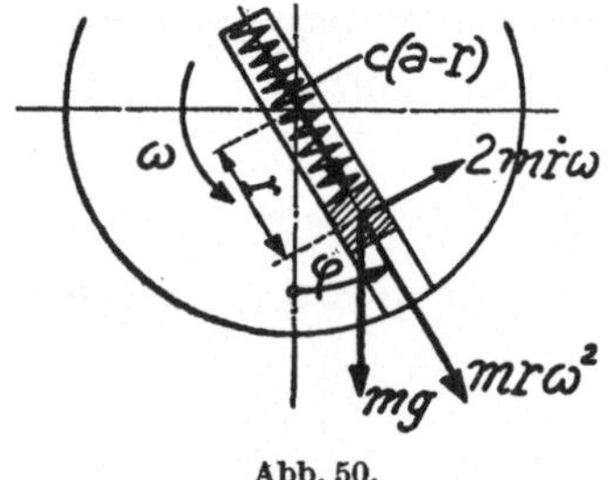

Abb. 50.

von m, wenn die Welle nicht umläuft und die Führung waagrecht stünde).

Um die Relativbewegung des Fliehgewichtes wie eine absolute zu verfolgen, muß radial die Fliehkraft $m\,r\,\omega^2$ (und senkrecht dazu die negative Corioliskraft $m\,2\,\dot r\,\omega$) fingiert werden.

Die Zeit t werde von einem Durchgang der Führungsrichtung durch die Lotrechte an gezählt. Dann ist der Winkel φ der Führungsrichtung gegen das Lot: $\varphi = \omega\,t$. Ist g die Beschleunigung der Schwere, dann hat diese eine Projektion $m\,g\cos\varphi = m\,g\cos\omega\,t$ auf die Führungsrichtung. Die Federkraft ist $c\,(a-r)$. Die Bewegungsgleichung lautet

$$m\,\ddot r = m\,r\,\omega^2 + c\,(a-r) + m\,g\cos\omega\,t$$

oder

$$\ddot r + \left(\frac{c}{m} - \omega^2\right) r = \frac{c}{m}\,a + g\cos\omega\,t. \tag{1}$$

Man führt vorteilhaft ein

$$\frac{c}{m} = \omega_0^2. \tag{2}$$

ω_0 ist, wie ohne weiteres einleuchtet, die Kreisfrequenz der harmonischen Eigenschwingungen von m, die *ohne Umlauf* der Welle auftreten. Mit Gl. (2) schreibt sich Gl. (1)

$$\ddot r + (\omega_0^2 - \omega^2)\,r = \omega_0^2\,a + g\cos\omega\,t. \tag{1a}$$

Das Integral von Gl. (1a) ist (siehe die Ausführungen zur 19. Übung) mit A und α als Integrationskonstanten

$$r = A\sin\left(\alpha + \sqrt{\omega_0^2 - \omega^2}\,t\right) + \frac{a}{1 - (\omega/\omega_0)^2} +$$
$$+ \frac{g}{\omega_0^2\,[1 - 2\,(\omega/\omega_0)^2]}\cos\omega\,t.$$

In der Bewegung von m stecken, der letzten Gleichung zufolge, zwei harmonische Schwingungen, die eine mit der Kreisfrequenz $\omega_e = \sqrt{\omega_0{}^2 - \omega^2}$, die andere mit der Kreisfrequenz ω der harmonisch verlaufenden Impulse der Schwere. Bei der geringsten Dämpfung klingt die erste Schwingung, die Eigenschwingung von m *bei Umlauf*, allmählich ab, so daß nur zurückbleibt:

$$r = \frac{a}{1 - (\omega/\omega_0)^2} + \frac{g}{\omega_0{}^2 \, [1 - 2 \, (\omega/\omega_9)^2]} - \cos \omega \, t. \qquad (3)$$

Offenkundig kennzeichnet

$$\frac{a}{1 - (\omega/\omega_0)^2} = r_m \qquad (4)$$

die Mittellage der Masse m beim Schwingen und ist

$$\frac{g}{\omega_0{}^2 \, [1 - 2 \, (\omega/\omega_0)^2]} = \Delta r \qquad (5)$$

die Amplitude der Schwingungen.

Man erkennt:

1. Für $\omega = \omega_0/\sqrt{2}$ werden die Amplituden unendlich groß, die Mittellage der Masse bleibt im endlichen. Die Kreisfrequenz der Eigenschwingungen bei Umlauf ist der Winkelgeschwindigkeit der Welle gleich.

2. Für $\omega = \omega_0$ rückt die Mittellage der Masse ins Unendliche, und zwar unabhängig von der Schwere. Die Schwingungsamplitude bleibt dabei endlich. Die Kreisfrequenz der Eigenschwingungen bei Umlauf ist null.

3. Wird ω im Verhältnis zu ω_0 sehr groß, dann rückt die Mittellage der Masse ins Wellenmittel und die Schwingungen verschwinden außerdem.

Mit der Erscheinung der kritischen Drehzahl einer elastischen Welle, auf der eine Masse sitzt, verglichen, ergeben sich zum Teil Analogien, zum Teil Gegensätze. Die letzteren bestehen vor allem darin, daß die Schwere für das Schleudern von Wellen keine Rolle spielt.

33. Übung.

Ein schwingungsfähiges System nach Abb. 51, bestehend aus der Masse M und einer Feder von der Steifigkeit C, sei mit einer an M angreifenden, sinusförmig mit der Kreisfrequenz ω_0 pulsierenden Kraft in Resonanz. Man kann die Ausschläge von M verschwinden machen, indem man an M eine Masse m mittels einer passenden Feder (Steifigkeit c) ankoppelt. Welchen Bedingungen müssen dabei m und c genügen und wie groß wird dann der Ausschlag der Masse m? Wie werden die Ausschläge von M bei beliebigen Kreisfrequenzen ω der erregenden Kraft? Wann ist die letztere mit dem Gesamtsystem in Resonanz?

Damit, ohne Ankopplung von m, das System in Resonanz ist, muß bekanntlich sein:

$$M \omega_0^2 = C. \tag{1}$$

Abb. 52 zeigt das Gesamtsystem in einem Augenblick, in welchem die erregende Kraft und die Ausschläge von M und m

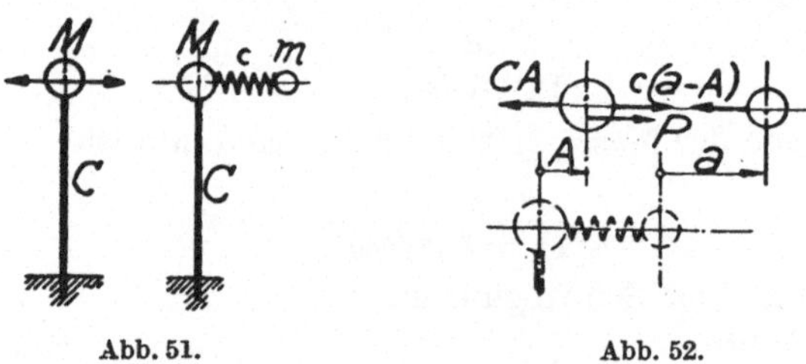

Abb. 51.   Abb. 52.

ihre Amplitudenwerte haben. Diese sollen P, A, a heißen. Die Beschleunigungen von M und m sind im betrachteten Augenblick bekanntlich $-A \omega^2$ bzw. $-a \omega^2$ und daher ergibt das dynamische Grundgesetz:

Masse M: $P + c(a - A) - CA = -MA\omega^2$ oder
$$P + ca - (C - M\omega^2 + c) A = 0. \tag{2}$$

Masse m: $-c(a - A) = -ma\omega^2$ oder
$$-(c - m\omega^2) a + cA = 0. \tag{3}$$

Durch Entfernen von a aus den Gl. (2) und (3) wird

$$A = \frac{P}{C - M\omega^2 - \dfrac{cm\omega^2}{c - m\omega^2}}. \tag{4}$$

Für $\omega = \omega_0$ erhält man daraus bei Einsetzen von Gl. (1)

$$A_0 = -P \frac{c - m\omega_0^2}{cm\omega_0^2}.$$

Es wird also $A_0 = 0$, wenn

$$c = m\omega_0^2. \tag{5}$$

Dies ist die gesuchte Bedingung dafür, daß bei ursprünglich resonierendem System die Ausschläge der Masse M nach Ankopplung der Masse m verschwinden. Man kann Gl. (5) mit Gl. (1) vereinigen zu

$$\omega_0{}^2 = \frac{C}{M} = \frac{c}{m}. \tag{6}$$

Wenn die Schwingungen der Masse M ausgelöscht sind, sind die Amplituden der Ausschläge von m:

$$a_0 = -\frac{P}{c} = -\frac{P}{m\,\omega_0{}^2}.$$

Es folgt dies aus Gl. (2) mit $A = 0$.

In Gl. (4) kann gemäß Gl. (6) gesetzt werden $C = M\,\omega_0{}^2$, $c = m\,\omega_0{}^2$. Dann wird, wenn zur einfacheren Schreibung $\dfrac{\omega}{\omega_0} = x$ genannt wird,

$$A = \frac{P}{M\,\omega_0{}^2}\bigg/ 1 - x^2\left(1 + \frac{m/M}{1 - x^2}\right). \tag{7}$$

Bei Resonanz des Gesamtsystems mit der erregenden Kraft wird rechnerisch $A = \infty$, und zwar, indem der Nennerausdruck in Gl. (7) null wird. Daraus kann die Kreisfrequenz ω_r der erregenden Kraft für den Resonanzfall bestimmt werden:

$$\omega_r{}^2 = \omega_0{}^2\left[\left(1 + \frac{m}{2\,M}\right) \pm \sqrt{\left(1 + \frac{m}{2\,M}\right)^2 - 1}\right].$$

Wie zu erwarten, ergeben sich zwei Beträge für ω_r.

34. Übung.

Ein irgendwie gestützter oder eingespannter gerader elastischer Stab trägt eingespannt einen starren symmetrischen Körper (Abb. 53). Der Körperschwerpunkt liegt auf der Stabachse. Welche Bewegung vollführt der Körper in seiner Symmetrieebene, welche mit einer Hauptträgheitsebene des Stabes durch seine Achse zusammenfallen möge?

Es bezeichne:
m die Masse des Körpers,
J sein Trägheitsmoment für die Schwerachse senkrecht zur Symmetrieebene,

y die Durchbiegung des Stabes am Sitze des Körpers,
φ den Biegewinkel daselbst.

Der Körper übt auf den Stab die Kraft P und das Kräftepaar M aus. Die Bewegungsgleichungen des Körpers sind

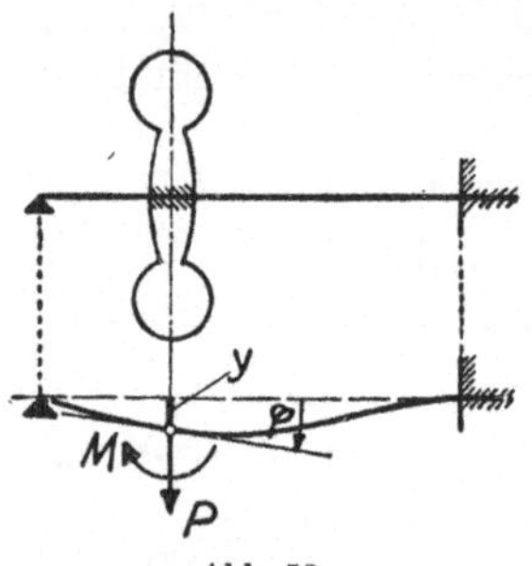

Abb. 53.

$$m\,\ddot{y} = -\,P, \qquad J\,\ddot{\varphi} = -\,M. \tag{1}$$

Die Durchbiegung für $P = 1$ heiße α.
Die Durchbiegung für $M = 1$ heiße β.
Der Biegewinkel für $M = 1$ heiße γ.
Der Biegewinkel für $P = 1$ ist gleich β, was sich leicht aus dem Satz von MAXWELL von der Gegenseitigkeit der Verschiebungen erklärt.

Es ist also

$$y = \alpha\,P + \beta\,M, \qquad \varphi = \gamma\,M + \beta\,P.$$

Daraus wird

$$P = \frac{\gamma\,y - \beta\,\varphi}{\alpha\,\gamma - \beta^2}, \qquad M = \frac{\alpha\,\varphi - \beta\,y}{\alpha\,\gamma - \beta^2}.$$

Diese beiden Gleichungen werden in die Bewegungsgleichungen (1) eingesetzt:

$$m\,\ddot{y} = \frac{-\,\gamma\,y + \beta\,\varphi}{\alpha\,\gamma - \beta^2}, \tag{2}$$

$$J\,\ddot{\varphi} = \frac{-\,\alpha\,\varphi + \beta\,y}{\alpha\,\gamma - \beta^2}. \tag{3}$$

Um aus diesen beiden simultanen Differentialgleichungen eine Differentialgleichung, z. B. für y zu bilden, wird zunächst aus Gl. (2) und (3) φ eliminiert:

$$y + \alpha\,m\,\ddot{y} + \beta\,J\,\ddot{\varphi} = 0. \tag{4}$$

Weiter werden Gl. (3) und Gl. (4) jede zweimal nach der Zeit differenziert:

$$J\,\overset{\cdots\cdot}{\varphi}\,(\alpha\,\gamma - \beta^2) + \alpha\,\ddot{\varphi} - \beta\,\ddot{y} = 0. \tag{5}$$

$$\alpha\,m\,\overset{\cdots\cdot}{y} + \ddot{y} + \beta\,J\,\overset{\cdots\cdot}{\varphi} = 0. \tag{6}$$

Aus den Gl. (4), (5), (6) können nunmehr $\ddot{\varphi}$ und $\overset{\cdots\cdot}{\varphi}$ eliminiert werden:

$$\overset{\cdots\cdot}{y} + \ddot{y}\,\frac{\dfrac{1}{\alpha\,m} + \dfrac{1}{\gamma\,J}}{1 - \dfrac{\beta^2}{\alpha\,\gamma}} + y\,\frac{\dfrac{1}{\alpha\,m} \cdot \dfrac{1}{\varkappa\,J}}{1 - \dfrac{\beta^2}{\alpha\,\gamma}} = 0. \tag{7}$$

Man führt zweckmäßig ein

$$\frac{1}{\alpha\,m} = \omega_m{}^2, \tag{8}$$

$$\frac{1}{\gamma\,J} = \omega_J{}^2. \tag{9}$$

Aus der Bedeutung von $\dfrac{1}{\alpha}$ und $\dfrac{1}{\gamma}$, welche eine Verschiebungs- bzw. eine Verdrehungssteifigkeit darstellen, ergibt sich:

ω_m ist die Schwingungsfrequenz einer an die Stelle des Körpers tretenden konzentrierten Masse von der Größe der Masse des Körpers.

ω_J ist die Schwingungsfrequenz der Drehung eines an die Stelle des Körpers tretenden Gebildes mit verschwindender Masse und mit einem Trägheitsmoment von der Größe des Trägheitsmomentes des Körpers. Ein derartiges Gebilde kann man sich (Abb. 54) aus zwei sehr weit voneinander entfernten, sehr kleinen Massen bestehend denken, die durch masselose, starre Verbindungen untereinander und mit dem federnden Stab zusammenhängen.

Abb. 54.

Die Einführung von Gl. (8) und (9) in Gl. (7) ergibt:

$$\overset{\cdots\cdots}{y} + \overset{\cdot\cdot}{y}\,\frac{\omega_m{}^2 + \omega_J{}^2}{1 - \dfrac{\beta^2}{\alpha\,\gamma}} + y\,\frac{\omega_m{}^2\cdot\omega_J{}^2}{1 - \dfrac{\beta^2}{\alpha\,\gamma}} = 0. \tag{10}$$

Zu dieser linearen homogenen Differentialgleichung mit konstanten Koeffizienten gehört als sogenannte charakteristische Gleichung

$$\varrho^4 + \varrho^2\,\frac{\omega_m{}^2 + \omega_J{}^2}{1 - \dfrac{\beta^2}{\alpha\,\gamma}} + \frac{\omega_m{}^2\cdot\omega_J{}^2}{1 - \dfrac{\beta^2}{\alpha\,\gamma}} = 0. \tag{11}$$

Sie hat vier Wurzeln entsprechend den zwei Werten von ϱ^2:

$$\varrho_{\mathrm{I,\,II}}{}^2 = -\frac{1}{2\left(1 - \dfrac{\beta^2}{\alpha\,\gamma}\right)}\left[\omega_m{}^2 + \omega_J{}^2 \pm\right.$$

$$\left.\pm\sqrt{(\omega_m{}^2 - \omega_J{}^2)^2 + 4\,\frac{\beta^2}{\alpha\,\gamma}\,\omega_m{}^2\,\omega_J{}^2}\,\right].$$

Wenn man annimmt $\varrho_{\mathrm{I}}{}^2 < 0$ und $\varrho_{\mathrm{II}}{}^2 < 0$, was später nachgewiesen wird, dann haben die vier Wurzeln von Gl. (11) die Form:

$$\varrho_1 = +\,i\,\sqrt{-\varrho_{\mathrm{I}}{}^2}\,, \qquad \varrho_3 = +\,i\,\sqrt{-\varrho_{\mathrm{II}}{}^2}\,,$$

$$\varrho_2 = -\,i\,\sqrt{-\varrho_{\mathrm{I}}{}^2}\,, \qquad \varrho_4 = -\,i\,\sqrt{-\varrho_{\mathrm{II}}{}^2}\,.$$

Man weiß, daß das Integral von Gl. (10), also die Verschiebung des Körperschwerpunktes, durch Überlagerung von zwei Sinusschwingungen mit den Frequenzen $\sqrt{-\varrho_\mathrm{I}{}^2}$ und $\sqrt{-\varrho_\mathrm{II}{}^2}$ gegeben ist, und ebenso ist es mit der Verdrehung φ des Körpers, wie leicht aus Gl. (4) zu folgern ist.

Für die beiden auftretenden Frequenzen ω_I und ω_II besteht demnach die Gleichung:

$$\omega_{\mathrm{I,\,II}}{}^2 = \frac{1}{2\left(1 - \dfrac{\beta^2}{\alpha\,\gamma}\right)}\left[\omega_m{}^2 + \omega_J{}^2 \pm \sqrt{(\omega_m{}^2 - \omega_J{}^2)^2 + 4\,\frac{\beta^2}{\alpha\,\gamma}\,\omega_m{}^2\,\omega_J{}^2}\right].$$

Die Amplituden und Phasenlagen der vier Schwingungen, die die Gesamtbewegung ausmachen, sind durch die Anfangsbedingungen bestimmt. Nachweis, daß stets $\varrho_{\mathrm{I.\,II}}{}^2 < 0$:

Man forme den Ausdruck für ϱ^2 um in

$$\varrho_{\mathrm{I,\,II}}{}^2 = \frac{-1}{2\left(1 - \dfrac{\beta^2}{\alpha\,\gamma}\right)}\left[(\omega_m{}^2 + \omega_J{}^2) \pm \sqrt{(\omega_m{}^2 + \omega_J{}^2)^2 - 4\,\omega_m{}^2\,\omega_J{}^2\left(1 - \frac{\beta^2}{\alpha\,\gamma}\right)}\right].$$

Ist $1 - \dfrac{\beta^2}{\alpha\,\gamma} > 0$, dann ist jedenfalls der Ausdruck $[\ldots] > 0$ und $\varrho_{\mathrm{I,\,II}}{}^2 < 0$. Ist $1 - \dfrac{\beta^2}{\alpha\,\gamma} < 0$, dann ist beim oberen Vorzeichen der Ausdruck $[\ldots] > 0$ und daher $\varrho_\mathrm{I}{}^2 > 0$; beim unteren Vorzeichen ist dagegen der Ausdruck $[\ldots] < 0$ und daher $\varrho_\mathrm{II}{}^2 < 0$; alsdann ist y dargestellt durch einen Anteil, der einer Sinusschwingung entspricht, und einem Anteil, der einer hyperbolischen Sinusfunktion der Zeit folgt. Es würde sich daher y im Laufe der Zeit zu unendlich großen Werten steigern. Damit ist aber die Leistung einer unendlich großen Formänderungsarbeit verbunden, die mit der endlichen Anfangswucht des Systems nicht verträglich ist. Also ist physikalisch die Annahme $\varrho_{\mathrm{I,\,II}}{}^2 < 0$ gerechtfertigt. Sie führt nach den vorigen Überlegungen auf die Tatsache, daß stets $\beta^2 < \alpha\,\gamma$. Es wäre interessant, dies auch unmittelbar aus der Lehre von der Biegung abzuleiten.

35. Übung.

Zwei prismatische oder zylindrische, völlig elastische Körper gleichen Querschnittes und gleichen Materials stoßen axial aufeinander. Wie lange dauert der Stoßvorgang? Welche größte Beanspruchung tritt in den beiden Körpern auf? Wie groß sind die Geschwindigkeiten nach dem Stoß?

Längsbewegungen von prismatischen oder zylindrischen elastischen Körpern können bekanntlich wie folgt beschrieben werden:

Trägt man senkrecht zur Körperachse die Wege der einzelnen Stabpunkte auf, und zwar gerechnet von einer Anfangslage im spannungslosen Stab, dann ist die so entstehende Kurve die Überlagerung zweier Kurven, welche, ohne ihre Form zu verändern, mit der Schallgeschwindigkeit c, die dem Stoff des Körpers eigentümlich ist, längs der Körperachse laufen, und zwar in entgegengesetzten Richtungen. Die beiden Kurven heißen Vorwärtswelle und Rückwärtswelle; ihre Ordinaten mögen V und R sein, ihre Steilheiten gegen die Körperachse V' und R'.

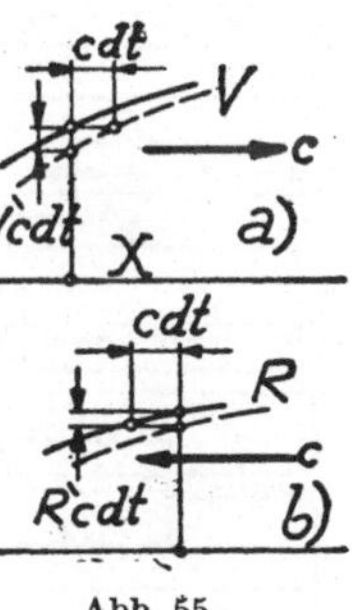

Abb. 55.

Abb. 55a und 55b stellen das Weiterrücken der V- bzw. der R-Welle während eines Zeitteilchens dt, also um $c\,dt$, dar. Der Punkt des Körpers, der im spannungslosen Zustand die Stelle X der Stabachse einnahm, verändert seine Lage während der Zeit dt infolge des Zusammenwirkens beider Wellen um $-c\,dt\,V' + c\,dt\,R'$, wie aus der Abb. 55 unmittelbar hervorgeht. Die Geschwindigkeit des Punktes ist daher

$$v = \frac{-c\,dt\,V' + c\,dt\,R'}{dt},$$

also

$$v = c\,(-V' + R'). \tag{1}$$

Die Steilheit der oben eingeführten, Wege darstellenden Kurve ist die örtliche Dehnung des Körpers, sie ist also gleich $V' + R'$, und mit dem Elastizitätsmodul E des Körpers wird die Spannung in ihm

$$\sigma = E\,(V' + R'). \tag{2}$$

(σ ist positiv bei Zug, negativ bei Druck.)

Bei Verfolgung des Stoßes sei angenommen, der längere Körper, Länge L, stoße mit der Geschwindigkeit w auf den ruhenden kürzeren Körper von der Länge l (Abb. 56) (L und l sollen auch als Indices verwendet werden zur Kennzeichnung der beiden Körper).

Knapp vor dem Zusammentreffen sind beide Körper spannungs-
los, also ist nach Gl. (2) für *alle* Stellen derselben

$$V_L' + R_L' = 0 \quad \text{und} \quad V_l' + R_l' = 0.$$

Außerdem ist nach Gl. (1)

$$w = c\,(-V_L' + R_L') \quad \text{und} \quad 0 = -V_l' + R_l'$$

für *alle* Stellen des Körpers „L" bzw. „l". Aus diesen Gleichungen
folgt

$$V_L' = -\frac{1}{2}\frac{w}{c},$$

$$R_L' = \frac{1}{2}\frac{w}{c}$$

und

$$V_l' = R_l' = 0.$$

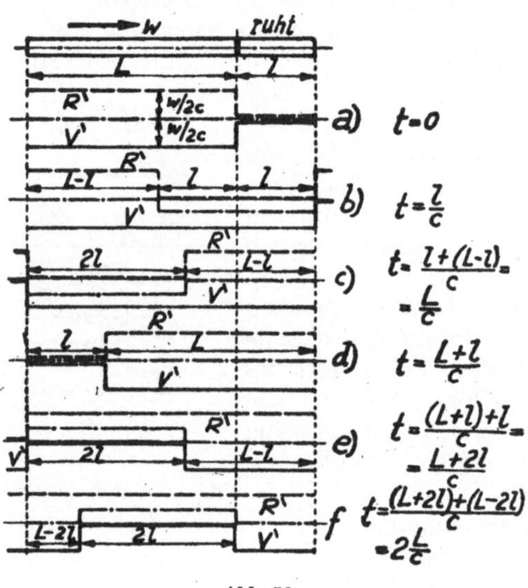

Abb. 56.

Bei der Verfolgung des
Stoßvorganges stellt
man vorteilhaft nicht
die Wellen V und R,
sondern die Wellen V'
und R' dar. Zu Beginn
des Vorganges ergibt
sich daher das Bild nach
Abb. 56a. Solange der
Stoß dauert, d. h. so-
lange sich an den Be-
rührungsstellen der bei-
den Körper Spannungen
$\sigma \leqq 0$ ergeben, verhalten
sich die beiden Körper natürlich wie ein einziger. Als Grenz-
bedingung muß dabei erfüllt sein, daß an den freien Körperenden die Spannungen $\sigma = 0$ sind, d. h. gemäß Gl. (2) $V' = -R'$.
Es gilt daher für jedes freie Körperende: Die Höhe der *heraus-
laufenden* Welle der Neigungen muß in jedem Augenblick durch
die Höhe der *hinein*laufenden Welle der Neigungen zu null kom-
pensiert werden. Das bestimmt die Gestalt der in die freien
Körperenden *hinein*laufenden Wellen.

In allen Bildern der Abb. 56 sind auch die Werte $\dfrac{V' + R'}{2} =$
$= \dfrac{\sigma}{2E}$ [nach Gl. (2)] zwecks Darstellung der Spannung in den
Körpern eingetragen. Es sind in *b, c, d, e, f* charakteristische
Augenblicke des Stoßvorganges dargestellt, und zwar die Zeit-
punkte

$$\frac{l}{c}, \quad \frac{l}{c} + \frac{L-l}{c} = \frac{L}{c}, \quad \frac{L+l}{c}, \quad \frac{L+l}{c} + \frac{l}{c} = \frac{L+2\,l}{c},$$

$$\frac{L+2\,l}{c} + \frac{L-2\,l}{c} = \frac{2\,L}{c}$$

ab Beginn desselben. Bis Zeitpunkt $\dfrac{2\,L}{c}$ also Bild f, herrscht an der Stoßstelle Druck oder keine Spannung. Einen Augenblick später würde jedoch dort Zug auftreten, so daß f das Ende des Stoßvorganges darstellt. Seine Dauer t_s ist also

$$t_s = \frac{2\,L}{c}. \tag{3}$$

Aus der Abb. 56 und der Gl. (2) ergibt sich die größte beim Stoß in den Körpern auftretende Spannung σ_{max} zu

$$\sigma_{max} = \pm\,\frac{1}{2}\,E\,\frac{w}{c}. \tag{4}$$

Als Druck tritt sie in beiden Körpern auf, Zug erfährt überhaupt nur der längere Körper.

Im Endaugenblick des Stoßes (Abb. 57, f) hat der kürzere Körper die einheitliche Geschwindigkeit w; vom längeren Körper hat ein $(L-2\,l)$ langes Stück die Geschwindigkeit w und ein $2\,l$ langes Stück die Geschwindigkeit $\dfrac{w}{2}$. Wenn von der Geschwindigkeit des längeren Körpers nach dem Stoß die Rede sein soll, wird man darunter seine Schwerpunktsgeschwindigkeit w_s verstehen; sie ergibt sich aus dem Ansatz

$$w_s\,L = (L-2\,l)\,w + 2\,l\,\frac{w}{2} = w\,(L-l)$$

zu

$$w_s = w\left(1 - \frac{l}{L}\right).$$

Im allgemeinen haben *beide* Körper bei Stoßbeginn Geschwindigkeiten; sie mögen v_L und v_l heißen, während bei Stoßende die Geschwindigkeiten $\bar{v}_L$ und $\bar{v}_l$ seien. Zur Behandlung dieses allgemeinen Falles denke man sich den oben verfolgten Sonderfall von einem in der Längsrichtung der Körper mit der gleichförmigen Geschwindigkeit u bewegten System verfolgt. Von diesem aus gesehen hat man

$$v_L = w - u, \quad v_l = -u, \quad \bar{v}_L = w_s - u = w\left(1 - \frac{l}{L}\right) - u,$$

$$\bar{v}_l = w - u.$$

Wenn man aus diesen Gleichungen u und w entfernt, erhält man:

$$\boxed{\bar{v}_l = v_L.}$$ (5)

$$\boxed{\bar{v}_L = v_L \left(1 - \frac{l}{L}\right) + v_l \frac{l}{L}.}$$ (6)

Der behandelte Stoßvorgang ist gut durch die Tatsache gekennzeichnet, daß die Rückprallgeschwindigkeit $(\bar{v}_L - \bar{v}_l)$ sich zur Aufprallgeschwindigkeit $(v_L - v_l)$ verhält wie $-l : L$, was sich aus den Gl. (5) und (6) ergibt.

Das Verhalten der hier betrachteten Körper ist wesentlich anders als beim „klassischen Stoß", bei dem doch, wieder völlig elastisches Verhalten vorausgesetzt, die Rückprallgeschwindigkeit der entgegengesetzten Aufprallgeschwindigkeit gleich ist. Beim „klassischen Stoß" werden nämlich (was selten betont wird) Körper vorausgesetzt, deren Nachgiebigkeit auf die nächste Umgebung der Stoßstelle beschränkt ist, wobei die Masse dieser Körperteile im Vergleich zur Körpermasse vernachlässigbar ist.

Beurteilt man im oben behandelten Fall die lebendige Kraft, was naheliegend ist, nur nach den Schwerpunktgeschwindigkeiten der Körper, dann ergibt sich ein scheinbarer Verlust an lebendiger Kraft infolge des Stoßes, trotzdem völlig elastisches Verhalten angenommen ist. Wenn $l = L$, dann verschwindet der Unterschied gegenüber dem „klassischen Stoß" bezüglich der Geschwindigkeiten und des Stoßverlustes.

36. Übung.

Ebenso wie prismatische oder zylindrische Stäbe in der 35. Übung sind auch Schraubenfedern Gebilde mit über die Länge gleichförmig verteilter Masse und Elastizität. Daher folgen die Längsbewegungen von Schraubenfedern in grundsätzlicher Hinsicht den in der 36. Übung angeführten Gesetzmäßigkeiten. Welche Unterschiede herrschen jedoch im einzelnen?

Ist E der Elastizitätsmodul des Stabmaterials, ϱ dessen Masse je Raumeinheit (Dichte), dann ist die Schallgeschwindigkeit im Stabe $c = \sqrt{\dfrac{E}{\varrho}}$, was auch $c = \sqrt{\dfrac{E f}{\varrho f}}$ geschrieben werden kann, wobei f den Stabquerschnitt bedeute. Es ist $\varrho f = \mu$ die Masse der Längeneinheit, $E f = P_{\varepsilon = 1}$ die Kraft, welche die Dehnung $\varepsilon = 1$ bewirkt, also ist auch

$$c = \sqrt{\frac{P_{\varepsilon = 1}}{\mu}}.$$

Ist C die Federungskonstante, also die Kraft, um den Stab von der Länge l um die Längeneinheit zu verlängern, dann ist $P_{\varepsilon=1} = Cl$ und damit

$$c = \sqrt{\frac{C l}{\mu}}. \tag{1}$$

Die Größen C, l, μ sind auch bei der Schraubenfeder definiert; setzt man die für die Schraubenfeder gültigen Werte in Gl. (1) ein, dann erhält man in c die Größe, welche hier an die Stelle der Schallgeschwindigkeit im Stabe tritt.

Für eine nicht zu steile Schraubenfeder vom Drahtdurchmesser d, dem mittleren Windungsradius r, mit der Windungszahl n und aus einem Material von der Dichte ϱ und dem Gleitmodul G kann gesetzt werden

$$\mu = \frac{\dfrac{d^2\,\pi}{4}\cdot 2\,r\,\pi\,n\,\varrho}{l} = \frac{\pi^2}{2}\frac{d^2\,r\,n\,\varrho}{l}$$

und

$$C = \frac{G\,d^4}{64\,n\,r^3}. \tag{2}$$

In Gl. (1) eingeführt, wird

$$c = \frac{d}{4\sqrt{2}\,\pi\,r^2}\cdot\frac{l}{n}\sqrt{\frac{G}{\varrho}}.$$

Es ist $\dfrac{l}{n} = h$ die Ganghöhe der Feder, daher

$$\boxed{c = \frac{1}{4\sqrt{2\,\pi}}\cdot\frac{d\,h}{r^2}\sqrt{\frac{G}{\varrho}}.} \tag{3}$$

Die Länge der Feder hat mithin keinen Einfluß auf c, und im übrigen kommt es nur auf das Material und auf Verhältniszahlen $\dfrac{d}{r}$ und $\dfrac{h}{r}$ an.[1]

Rechnet man c aus Gl. (3), dann gilt naturgemäß die Gl. (1) aus der 35. Übung auch für die Schraubenfeder.

Mit f erweitert, lautet die Gl. (2) der 35. Übung $\sigma f = E f$ $(V' + R')$. Es ist $\sigma f = P$ die Kraft im Stab und nach Früherem $E f = P_{\varepsilon=1}$, also

$$\boxed{P = P_{\varepsilon=1}\,(V' + R').}$$

---

[1] Für Federstahl erhält man aus Gl. (3) etwa $c = 180\,\dfrac{d\,h}{r^2}\left[\dfrac{\mathrm{m}}{\sec}\right]$

P und $P_{\varepsilon=1}$ sind auch für die Schraubenfeder definiert, und somit ersetzt bei der Schraubenfeder die Gl. (4) die Gl. (2) der 35. Übung. Nach früherem ist $P_{\varepsilon=1} = C\,l$ und daher mit Gl. (2)

$$P_{\varepsilon=1} = \frac{G\,d^4}{64\,r^3} \cdot \frac{l}{n};$$

führt man die Ganghöhe $h = \dfrac{l}{n}$ der Feder ein, dann wird

$$\boxed{P_{\varepsilon=1} = \frac{G}{64} \cdot \frac{d^4\,h}{r^3}.} \tag{5}$$

37. Übung.

Eine mit der Kraft K (als Druckkraft *negatives* Vorzeichen!) gespannte Druckfeder stützt sich (Abb. 57) beidseitig in einem (freibeweglichen) Gehäuse von der Masse M ab. Welche Geschwindigkeiten werden dem Gehäuse und der Feder erteilt, wenn z. B. durch Bruch die eine Abstützung bei „F" verlorengeht?

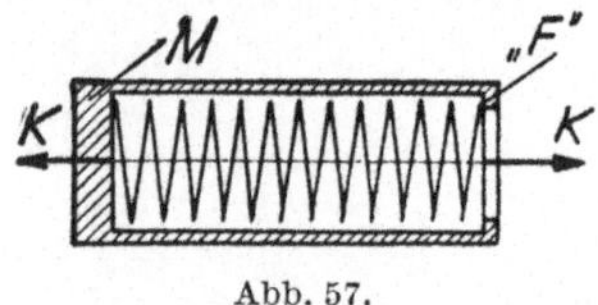
Abb. 57.

Die Grundlagen zur Lösung sind in der 35. und 36. Übung gegeben. Zu Beginn des zu untersuchenden Vorganges ist für *alle* Stellen der Schraubenfeder die Kraft $P = K$ und die Geschwindigkeit $v = 0$. Also gilt für *alle* Stellen der Feder

$$P_{\varepsilon=1}\,(V' + R') = K \qquad \text{[Gleichung (4), 36. Übung]}$$

sowie

$$c\,(-\,V' + R') = 0 \qquad \text{[Gleichung (1), 35. Übung].}$$

Daraus folgt, daß anfangs auf der ganzen Länge der Feder ist:

$$V' = R' = \frac{K}{2\,P_{\varepsilon=1}}. \tag{1}$$

Dies zeigt Abb. 58a.

M soll, als Index verwendet, die Stelle der Feder ($x = 0$) bezeichnen, die mit der Masse M in Berührung ist.

Die Bewegungsgleichung der Masse M lautet, wenn v_M ihre Geschwindigkeit ist und t die Zeit bedeutet

$$M \cdot \frac{dv_M}{dt} = P_M. \tag{2}$$

Aus Gl. (1) der 35. Übung folgt

$$\frac{dv_M}{dt} = c\left(-\frac{dV_M'}{dt} + \frac{dR_M'}{dt}\right)$$

und für P_M gilt [Gl. (4) der 36. Übung]

$$P_M = P_{\varepsilon=1}\,(V_M' + R_M').$$

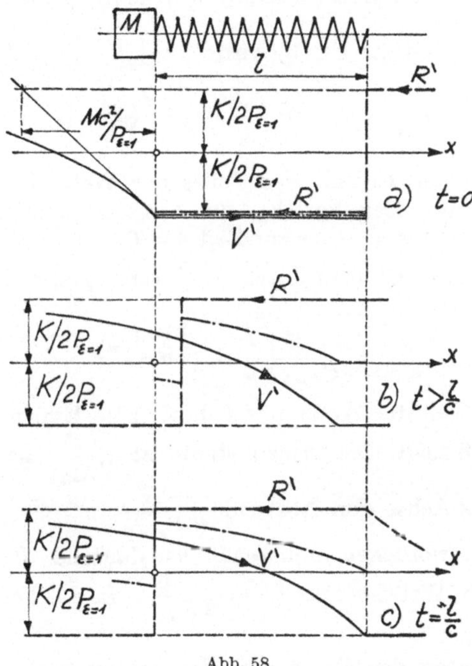

Abb. 58.

Da die Welle R' sich gegen die Masse M zu hinbewegt, muß zunächst dauernd R_M' auf dem durch Gl. (1) gegebenen Wert bleiben. Wenn dies berücksichtigt wird, lauten die beiden letzten Gleichungen:

$$\frac{dv_M}{dt} = -\,c\,\frac{dV_M'}{dt}, \qquad P_M = P_{\varepsilon=1}\left(V_M' + \frac{K}{2\,P_{\varepsilon=1}}\right).$$

Durch Einsetzen in Gl. (2) wird

$$-\,M\,\frac{c}{P_{\varepsilon=1}} \cdot \frac{dV_M'}{dt} = V_M' + \frac{K}{2\,P_{\varepsilon=1}}.$$

Das Integral davon lautet mit der Integrationskonstanten C

$$V_M' = \frac{-K}{2\,P_{\varepsilon=1}} + C\,e^{-\frac{P_{\varepsilon=1}}{M\,c}\,t}.\tag{3}$$

Zur Zeit $t=0$ ist überall nach Gl. (1) $V' = \dfrac{K}{2\,P_{\varepsilon=1}}$, also auch

$V_M' = \dfrac{K}{2\,P_{\varepsilon=1}}$; dadurch bestimmt sich die Integrationskonstante

zu $C = \dfrac{K}{P_{\varepsilon=1}}$ und die Gl. (3) wird:

$$V_M' = \frac{-K}{P_{\varepsilon=1}}\left(\frac{1}{2} - e^{-\frac{P_{\varepsilon=1}}{M\,c}\,t}\right).\tag{4}$$

Es interessiert die Gestalt des Teiles der Welle V', der in die Feder hineinläuft. Der Wert V_M' zur Zeit t ist identisch mit dem Wert V' am Orte $x = -c\,t$ zur Zeit $t = 0$.

Es wird also in Gl. (4) t durch $-\dfrac{x}{c}$ vertreten, wobei sie übergeht in

$$V' = \frac{-K}{P_{\varepsilon=1}}\left(\frac{1}{2} - e^{\frac{P_{\varepsilon=1}}{M\,c^2}\,x}\right).\tag{5}$$

Der gesuchte Teil der Welle V' ist daher eine Exponentialkurve, wie sie Abb. 58 zeigt. Die Ortskonstante ist $\dfrac{M\,c^2}{P_{\varepsilon=1}}$, die Asymptote

hat von der x-Achse den Abstand $\dfrac{-K}{2\,P_{\varepsilon=1}}$.

Am frei gewordenen Federende ist dauernd $P = 0$, daher zieht dort ein Wellenstück $R' = \dfrac{-K}{2\,P_{\varepsilon=1}}$ in die Feder ein, wie Abb. 58 zeigt.

Die Ordinaten der Kurve, die das arithmetische Mittel von V' und R' darstellt (sie ist in Abb. 58 strichpunktiert gezeichnet), sind gemäß Gl. (4) der 36. Übung ein Maß für P. Man hat daher Druck, wo diese Kurve unter der x-Achse, und Zug, wo die Kurve über der x-Achse verläuft.

Abb. 58 b stellt den Vorgang knapp vor dem Zeitpunkt $t = \dfrac{l}{c}$ dar, wo l die Federlänge bedeutet. Man erkennt, daß bisher stets an der Stelle M Druck herrschte.

Abb. 58 c gilt für $t = \dfrac{l}{c}$; der Druck der Feder auf die Masse M geht gerade durch null hindurch, also stellt Abb. 58 c den Augenblick der Trennung zwischen der Masse M und der Feder dar.

Für ihn gilt nach Gl. (4) mit $t = \dfrac{l}{c}$

$$V_M' = \frac{-K}{P_{\varepsilon=1}}\left(\frac{1}{2} - e^{-\frac{P_{\varepsilon=1}\,l}{M\,c^2}}\right);$$

die Abb. 58c zeigt, daß R_M' gerade von $\dfrac{K}{2\,P_{\varepsilon=1}}$ auf $-\dfrac{K}{2\,P_{\varepsilon=1}}$ springt. Ein Zeitdifferential vor der Trennung zwischen Feder und Masse M hat diese daher [Anwendung von Gl. (1) der 35. Übung] die Geschwindigkeit

$$v_M = c\left[\frac{K}{P_{\varepsilon=1}}\left(\frac{1}{2} - e^{-\frac{P_{\varepsilon=1}\,l}{M\,c^2}}\right) + \frac{K}{2\,P_{\varepsilon=1}}\right]$$

oder

$$v_M = c\,\frac{K}{P_{\varepsilon=1}}\left(1 - e^{-\frac{P_{\varepsilon=1}\,l}{M\,c^2}}\right). \tag{6}$$

Der Exponent von e stellt sich mittels der in der 36. Übung angegebenen Beziehungen als das negative Verhältnis der Federmasse M_F zur Masse M heraus.

$\dfrac{K}{P_{\varepsilon=1}}$ ist die Dehnung ε_0 der Feder im eingebauten Zustand. (ε ist als Stauchung negativ!)

Mit alldem wird Gl. (6)

$$\boxed{v_M = c\,\varepsilon_0\left(1 - e^{-\frac{M_E}{M}}\right).} \tag{7}$$

Unter der Geschwindigkeit v_F, welche der Feder erteilt wird, versteht man zweckmäßig die ihres Schwerpunktes, da ja die verschiedenen Teile der Feder verschiedene Geschwindigkeiten erlangen. Da der gemeinsame Schwerpunkt des Ganzen in Ruhe bleiben muß, gilt der Ansatz $v_M M + v_F M_F = 0$. Gl. (7) eingesetzt, gibt

$$\boxed{v_F = -c\,\varepsilon_0\,\frac{M}{M_F}\left(1 - e^{-\frac{M_F}{M}}\right).} \tag{8}$$

Wenn M_F/M verschwindend klein wird, hat man den Fall, daß eine Feder, die sich gegen einen unbeweglichen Körper abstützt, losschnellt. Gl. (8) ergibt dabei durch Ausrechnung der unbestimmten Form $\infty \cdot 0$:

$$\boxed{v_F = -c\,\varepsilon_0.}$$

38. Übung.

Wie verändern sich die Wellen V' und R', von denen in der 35. Übung die Rede war, beim Passieren der Grenzfläche zweier Stäbe verschiedenen Querschnittes und verschiedener Schallgeschwindigkeit?

Der Stab, der im Sinne der Laufrichtung von V' der vordere ist, werde durch Index v, der andere durch Index r gekennzeichnet. An der Grenze der beiden Stäbe haben sie nur ein und dieselbe Geschwindigkeit, so daß gemäß Gl. (1) der 35. Übung ist:

$$c_v \left(- V_v' + R_v'\right) = c_r \left(- V_r' + R_r'\right). \tag{1}$$

Die innere Stabkraft K ist mit dem Stabquerschnitt f und der Spannung σ verknüpft durch

$$K = f\,\sigma, \tag{2}$$

so daß sich mit Gl. (2) der 35. Übung ergibt:

$$K = f\,E\,(V' + R'). \tag{3}$$

Nach dem Satz von Aktion und Reaktion gibt es auch an der Grenzstelle zweier Stäbe nur *einen* Wert der Stabkraft. Die Anwendung von Gl. (3) auf die Grenzfläche ergibt daher

$$f_v\,E_v\,(V_v' + R_v') = f_r\,E_r\,(V_r' + R_r'). \tag{4}$$

Allerdings muß man sich klar darüber sein, daß dies nur mit gewisser Annäherung gilt, denn wenn $f_v \lessgtr f_r$, ist in der Nähe der Grenzfläche der Spannungszustand sicher kein einachsiger, was aber Voraussetzung für die Richtigkeit der Vorstellung von den beiden Wellen V' und R' ist.

Es wird stets in den Anwendungen V_r' und R_v' gegeben und nach V_v' und R_r' gefragt sein. Diese beiden letzteren Größen folgen aus der Auflösung der Gl. (1) und (4):

$$V_v' = V_r'\,\frac{2}{\dfrac{c_v}{c_r} + \dfrac{f_v}{f_r}\,\dfrac{E_v}{E_r}} + R_v'\,\frac{\dfrac{c_v}{c_r} - \dfrac{f_v}{f_r}\,\dfrac{E_v}{E_r}}{\dfrac{c_v}{c_r} + \dfrac{f_v}{f_r}\,\dfrac{E_v}{E_r}}.$$

$$R_r' = R_v'\,\frac{2}{\dfrac{c_r}{c_v} + \dfrac{f_r}{f_v}\cdot\dfrac{E_r}{E_v}} + V_r'\,\frac{\dfrac{c_r}{c_v} - \dfrac{f_r}{f_v}\cdot\dfrac{E_r}{E_v}}{\dfrac{c_r}{c_v} + \dfrac{f_r}{f_v}\cdot\dfrac{E_r}{E_v}}.$$

Die Schallgeschwindigkeit ist, wenn ϱ die Masse der Volumeneinheit bedeutet, bekanntlich $c = \sqrt{\dfrac{E}{\varrho}}$; daraus ergeben sich die in den obigen Gleichungen auftretenden Verhältnisse $\dfrac{E_v}{E_r}$ und $\dfrac{E_r}{E_v}$ zu

$$\frac{E_v}{E_r} = \left(\frac{c_v}{c_r}\right)^2 \frac{\varrho_v}{\varrho_r} \quad \text{und} \quad \frac{E_r}{E_v} = \left(\frac{c_r}{c_v}\right)^2 \frac{\varrho_r}{\varrho_v}.$$

Wenn man das oben einsetzt, erkennt man die Zweckmäßigkeit der Einführung von $\mu = f \varrho$, der Masse der Längeneinheit. Es wird dann

$$\left.\begin{aligned}
V_v{}' &= V_r{}' \, \frac{2\,(c_r/c_v)^2}{c_r/c_v + \mu_v/\mu_r} + R_v{}' \, \frac{c_r/c_v - \mu_v/\mu_r}{c_r/c_v + \mu_v/\mu_r} \\[2mm]
R_r{}' &= R_v{}' \, \frac{2\,(c_v/c_r)^2}{c_v/c_r + \mu_r/\mu_v} + V_r{}' \, \frac{c_v/c_r - \mu_v/\mu_r}{c_v/c_r + \mu_v/\mu_r}
\end{aligned}\right\} \tag{5}$$

Im Sonderfall gleicher Schallgeschwindigkeiten, $c_v = c_r$, ergibt sich daraus

$$V_v{}' = \frac{2\,V_r{}' + (1 - \mu_v/\mu_r)\,R_v{}'}{1 + \mu_v/\mu_r},$$

$$R_r{}' = \frac{2\,R_v{}' + (1 - \mu_r/\mu_v)\,V_r{}'}{1 + \mu_r/\mu_v}$$

und daraus wieder bemerkenswerterweise

$$V_v{}' - V_r{}' = -\left(R_r{}' - R_v{}'\right) = \frac{\mu_r - \mu_v}{\mu_r + \mu_v}\,(V_r{}' + R_v{}'). \tag{6}$$

Beim Durchschreiten der Grenzfläche machen also in diesem Fall die Wellen V' und R' gleich große, aber entgegengesetzte Sprünge, und zwar proportional der Summe der beiden in die Grenzfläche hineinlaufenden Wellen.

39. Übung.

Auf einen Ring (Abb. 59a) werden radiale Kräfte ausgeübt, und zwar kommt auf die Längeneinheit seines mittleren Umfanges die Belastung q. In jedem Augenblick ist der Verlauf von q längs des Umfanges sinusförmig, wie die Abwicklung Abb. 59b zeigt, wobei immer eine ganze Zahl von Sinuswellen der Länge l auf den Umfang entfällt. Die

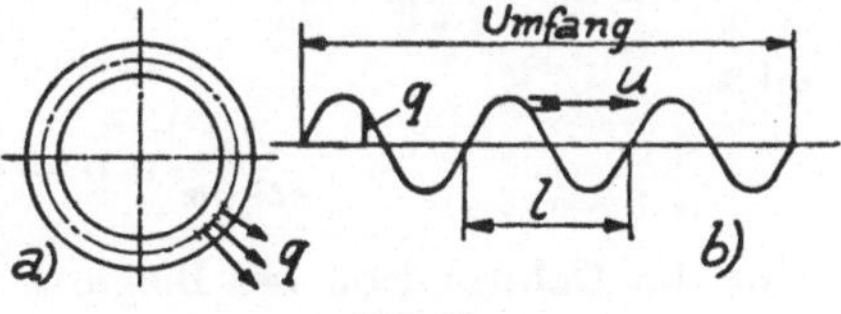

Abb. 59.

Kurve der augenblicklichen Verteilung von q läuft mit der gleichförmigen Geschwindigkeit u um. Verformung und Beanspruchung des Ringes sind zu bestimmen.

Ganz ähnlich wie hier liegen die Verhältnisse beim Statorring einer elektrischen Synchron- oder Asynchronmaschine, auf den der umlaufende Magnetzug wirkt. Unter einer gewissen radialen Stärke des Ringes im Verhältnis zu seinem Durchmesser und wenn die Zahl der Sinuswellen, die auf den Ring entfällt, nicht allzu gering ist, spielt die Krümmung desselben keine wesentliche Rolle, und daher stellt man sich im vorliegenden Fall am besten einen Ring von unendlichem Durchmesser oder einen unendlich langen geraden Stab vor. Der Querschnitt sei f, das Biegeträgheits-

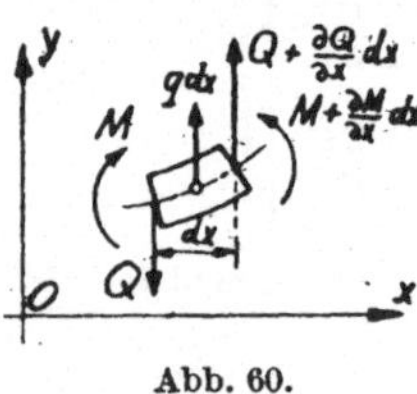

Abb. 60.

moment J, die spezifische Masse (Dichte) des Materials ϱ, dessen Elastizitätsmodul E. Längs der Stabachse mögen die Entfernungen x heißen, die Querabweichungen des Stabes von einer spannungslosen Ausgangslage y. Die Zeit heiße t. Abb. 60 zeigt ein Element des Stabes und die darauf einwirkenden Kräfte und Kräftepaare. An den Enden herrschen die Querkräfte Q und $Q + \dfrac{\partial Q}{\partial x} dx$ sowie die Biegemomente M und $M + \dfrac{\partial M}{\partial x} dx$. Die Masse des Elementes ist $dm = f \varrho\, dx$, sein körperliches Trägheitsmoment um die Schwerachse senkrecht zur Bewegungsebene $d J_K = J \varrho\, dx$. Bewegungsgleichung des Elementes für die Richtung y:

$$f \varrho\, dx\, \frac{\partial^2 y}{\partial t^2} = q\, dx + \left(Q + \frac{\partial Q}{\partial x} dx \right) - Q$$

oder

$$\frac{\partial^2 y}{\partial t^2}\, f \varrho = q + \frac{\partial Q}{\partial x}. \tag{1}$$

Bewegungsgleichung des Elementes für seine Drehung um den Schwerpunkt:

$$J \varrho\, dx\, \frac{\partial^2}{\partial t^2} \left(\frac{\partial y}{\partial x} \right) = \left(M + \frac{\partial M}{\partial x} dx \right) - M + Q\, dx$$

oder

$$\frac{\partial^2 y}{\partial t^2\, \partial x}\, J \varrho = Q + \frac{\partial M}{\partial x}. \tag{2}$$

Für die Deformation bei Biegung besteht die Gleichung

$$\frac{\partial^2 y}{\partial x^2} = \frac{M}{E J}. \tag{3}$$

Nach Differenzieren von Gl. (2) nach x kann unter Zuhilfenahme von Gl. (1) Q eliminiert werden:

$$\left(\frac{\partial^4 y}{\partial t^2 \, \partial x^2} J - \frac{\partial^2 y}{\partial t^2} f \right) \varrho = \frac{\partial^2 M}{\partial x^2} - q. \tag{4}$$

Nach zweimaligem Differenzieren von Gl. (3) kann unter Zuhilfenahme von Gl. (4) $\frac{\partial^2 M}{\partial x^2}$ eliminiert werden:

$$\frac{\partial^4 y}{\partial x^4} + \frac{f}{J} \frac{\varrho}{E} \frac{\partial^2 y}{\partial t^2} - \frac{\varrho}{E} \frac{\partial^4 y}{\partial t^2 \, \partial x^2} = q/EJ. \tag{5}$$

Nach einem eventuellen Vorgang des Sich-Einspielens wird sich das Bild des Verlaufes von y mit der Geschwindigkeit u der Stabachse entlang bewegen, wie Abb. 61 zeigt. Ihre Betrachtung ergibt (ähnlich wie in der 35. Übung)

$$\frac{\partial y}{\partial t} = \frac{u \, dt \, \frac{\partial y}{\partial x}}{dt} = - u \frac{\partial y}{\partial x}. \tag{6}$$

Da nicht nur das Bild von y, sondern natürlich auch das der Steigung von y mit u dem Stab entlang läuft, gilt in Analogie zu Gl. (6):

$$\frac{\partial \left(\frac{\partial y}{\partial x} \right)}{\partial t} = - u \frac{\partial \left(\frac{\partial y}{\partial x} \right)}{\partial x} = - u \frac{\partial^2 y}{\partial x^2}.$$

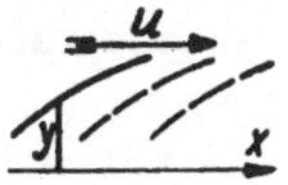

Abb. 61.

Hierin wird $\frac{\partial y}{\partial x}$ aus Gl. (6) eingesetzt:

$$\frac{\partial \left(\frac{\partial y}{\partial x} \right)}{\partial t} = \frac{\partial}{\partial t} \left(- \frac{1}{u} \frac{\partial y}{\partial t} \right) = - \frac{1}{u} \frac{\partial^2 y}{\partial t^2} = - u \frac{\partial^2 y}{\partial x^2}$$

oder

$$\frac{\partial^2 y}{\partial t^2} = u^2 \frac{\partial^2 y}{\partial x^2}. \tag{7}$$

Derselbe Gedankengang führt zu

$$\frac{\partial^4 y}{\partial t^2 \, \partial x^2} = \frac{\partial^2}{\partial t^2} \left(\frac{\partial^2 y}{\partial x^2} \right) = u^2 \frac{\partial^2}{\partial x^2} \left(\frac{\partial^2 y}{\partial x^2} \right) = u^2 \frac{\partial^4 y}{\partial x^4}.$$

Die letzte Beziehung und Gl. (7) werden in Gl. (5) berücksichtigt:

$$\frac{\partial^4 y}{\partial x^4} \left(1 - \frac{\varrho}{E} u^2 \right) + \frac{\partial^2 y}{\partial x^2} \frac{f}{J} \cdot \frac{\varrho}{E} u^2 = q/EJ.$$

Der getroffenen Annahme entsprechend ist $q = q_{\max} \sin 2\pi \frac{x}{l}$.

Mit der Schallgeschwindigkeit c im Stabmaterial ist $\frac{\varrho}{E} = \frac{1}{c^2}$.

Mit dem entsprechenden Trägheitsradius r ist $\frac{f}{J} = \frac{1}{r^2}$. Alles dies gibt:

$$\frac{\partial^4 y}{\partial x^4}\left[1-\left(\frac{u}{c}\right)^2\right]+\left(\frac{1}{r}\frac{u}{c}\right)^2\frac{\partial^2 y}{\partial x^2}=\frac{q_{max}}{EJ}\sin 2\pi\frac{x}{l}.$$

Da es sich um Biegebeanspruchung handelt, führt man zweckmäßig als neue Variable $\frac{\partial^2 y}{\partial x^2}=\varkappa$ ein, weil sie [Gl. (3)] dem Biegemoment proportional ist.

$\varkappa$ gibt für flach verlaufende Biegungen die Krümmung an. Mit $\varkappa$ und der Abkürzung $\frac{\partial^2\varkappa}{\partial x^2}=\varkappa''$ wird

$$\varkappa''\left[1-\left(\frac{u}{c}\right)^2\right]+\varkappa\left(\frac{1}{r}\frac{u}{c}\right)^2=\frac{q_{max}}{EJ}\sin 2\pi\frac{x}{l}.$$

Denkt man an praktische Fälle, dann ist $\left(\frac{u}{c}\right)^2$ gegen 1 zu vernachlässigen ($c\approx 5000$ m/sec in Metallen). Man bekommt dann

$$\varkappa''+\varkappa\left(\frac{1}{r}\frac{u}{c}\right)^2=\frac{q_{max}}{EJ}\sin 2\pi\frac{x}{l}.$$

Das Integral davon lautet (siehe die Ausführungen zur 19. Übung):

$$\varkappa=A\sin\left(\frac{1}{r}\frac{u}{c}x+\alpha\right)+\frac{q_{max}/EJ}{\left(\frac{1}{r}\frac{u}{c}\right)^2-\left(\frac{2\pi}{l}\right)^2}\sin 2\pi\frac{x}{l},$$

wobei A und α Integrationskonstante sind.

Für $q_{max}=0$ wird

$$\varkappa=A\sin\left(\frac{1}{r}\frac{u}{c}x+\alpha\right).$$

Der Lösungsanteil $A\sin\left(\frac{1}{r}\frac{u}{c}x+\alpha\right)$ hat somit nichts mit den quer zum Stab auftretenden Kräften q zu tun und braucht daher hier nicht berücksichtigt zu werden. (Er zeigt an, daß ohne solche Kräfte sinusförmige Ausbiegungen gleichförmig längs des Stabes laufen können, wobei die Wellenlänge gleich $2\pi r\frac{c}{u}$, genauer $2\pi r\sqrt{\left(\frac{c}{u}\right)^2-1}$ ist.) Also ist maßgebend

$$\boxed{\varkappa=\frac{q_{max}/EJ}{\left(\frac{1}{r}\frac{u}{c}\right)^2-\left(\frac{2\pi}{l}\right)^2}\sin 2\pi\frac{x}{l}.}\tag{8}$$

Demnach gibt die Sinuslinie, welche q darstellt, in anderem Maßstab auch den Verlauf der Stabkrümmung an. Gl. (8) ergibt

$\varkappa = \infty$ für $\dfrac{1}{r}\dfrac{u}{c} = \dfrac{2\pi}{l}$ oder $u = 2\pi\dfrac{r}{l}c$ oder $l = 2\pi r\dfrac{c}{u}$. Es entsteht dann eine einer Resonanz ganz ähnliche Erscheinung, die, wenn nicht Dämpfungen wirken, zum Bruch führt.

40. Übung.

In der 39. Übung ergab sich, daß sich in einem in der Länge unbegrenzten Stab ein Ausbiegungszustand von Sinuslinienform gleichmäßig mit einer Geschwindigkeit u fortbewegt, die mit der Länge λ der Sinuslinie im Zusammenhang $\dfrac{u}{c} = \dfrac{2\pi r}{\lambda}$ steht. Man versuche, auf den Schwingungszustand eines endlich langen Stabes zu kommen, indem man die Fortschreitungen von zwei Sinuslinien gleicher Länge l und gleicher Amplitude A in entgegengesetzten Richtungen überlagert.

Die beiden Ausbiegungen befolgen *einzeln* das Gesetz

$$y = A \sin 2\pi\,\frac{x + u\,t}{\lambda} \quad \text{und} \quad y = A \sin 2\pi\,\frac{x - u\,t}{\lambda}.$$

Die Überlagerung ergibt

$$y = A\left[\sin 2\pi\,\frac{x + u\,t}{\lambda} + \sin 2\pi\,\frac{x - u\,t}{\lambda}\right].$$

Trigonometrische Umformung und das Einsetzen von $u = \dfrac{2\pi r c}{\lambda}$ führt auf

$$y = 2\,A \sin 2\pi\,\frac{x}{\lambda}\cdot\cos 4\pi^2\,\frac{r\,c}{\lambda^2}\,t. \tag{1}$$

Man sieht: 1. Stabpunkte, für welche

$$2\pi\frac{x}{\lambda} = \pi,\ 2\pi,\ 3\pi\ \ldots \quad \text{oder} \quad x = \frac{\lambda}{2},\ x = 2\,\frac{\lambda}{2},\ x = 3\,\frac{\lambda}{2}\ldots$$

bleiben dauernd in Ruhe und benachbarte solcher, sogenannter Knotenpunkte stehen voneinander um $\dfrac{\lambda}{2}$ ab. 2. In jedem Augenblick ist die Ausbiegung sinuslinienförmig. 3. Alle Stabpunkte schwingen harmonisch und untereinander in gleicher Phase.

Man erhält sogenannte stehende Wellen (Abb. 62) mit dem Größtausschlag $a = 2\,A$.

In den Knoten ist dauernd die Stabkrümmung gleich null, daher auch das Biegemoment. Somit ändert sich für einen Stabteil zwischen zwei (oder mehreren) Knoten nichts, wenn die benachbarten Stabteile weggelassen und an die Knotenstellen an den Stabenden zwei feste Auflager gesetzt werden.

Man hat somit die Schwingung eines an den Enden aufgelagerten Stabes, dessen Ausbiegungen im Ruhezustand sinusförmig verlaufen. Aus Gl. (1) ergibt sich im einfachsten Fall, der sogenannten Grundschwingung, bei der λ gleich der doppelten Stablänge L ist, und wenn $2\,A = a$ eingeführt wird:

$$y = a \sin \pi \; \frac{x}{L} \cdot \cos \pi^2 \; \frac{r\,c}{L^2}\, t. \tag{2}$$

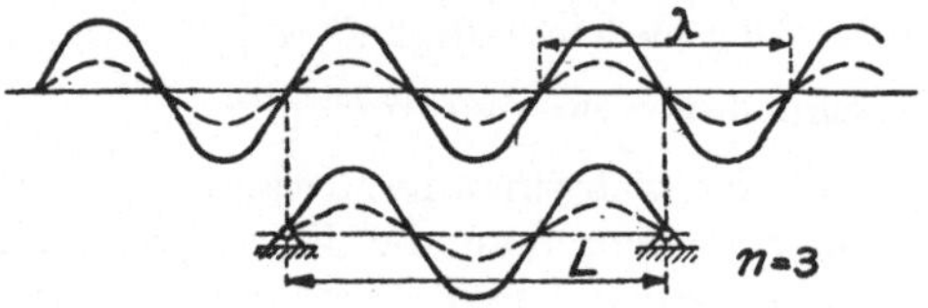

Abb. 62.

Die Ausbiegung im Ruhezustand ist also $y_r = a \sin \pi \dfrac{x}{L}$ und die Schwingungsdauer

$$T = \frac{2\,L^2}{\pi\,r\,c}. \tag{3}$$

Ist die Ausbiegungsform im Ruhezustand beliebig, dann zerlegt man sie nach Ergänzung zur vollen Periode in Harmonische, verfolgt die entsprechenden Einzelschwingungen und setzt sie wieder zur tatsächlichen Schwingung zusammen.

Die Länge der stehenden Welle der $n$ten Harmonischen ist (Abb. 62)

$$\lambda_n = \frac{2\,L}{n}.$$

In Gl. (1) eingesetzt, wird mit $2\,A = a_n$

$$y_n = a_n \sin n\,\pi\;\frac{x}{L} \cdot \cos n^2\,\pi^2\;\frac{r\,c}{L^2}\, t$$

und daraus folgt die Schwingungsdauer der $n$ten Harmonischen zu

$$T_n = \frac{2\,L^2}{n^2\,\pi\,r\,c} = \frac{T}{n^2}.$$

Manzsche Buchdruckerei. Wien IX.